献给华北电力大学全体师生、校友！

本书系华北电力大学2020年度中央高校基本科研业务费哲学社会科学繁荣计划专项项目“政府、行业与学府的互动与新生——从北京电力学校到华北电力大学的历史变迁研究”（2020FR004）、2021年度北京高校思想政治工作研究重点课题“用校史‘红色’擦亮思政工作底色”（BJSZ2021ZD08）的研究成果。

从电业管理总局职工学校
到华北电力大学

（1950—1995）

以口述史为中心

王 硕 著

社会科学文献出版社
SOCIAL SCIENCES ACADEMIC PRESS (CHINA)

序

王硕博士关于华北电力大学的书稿告成，请我写一篇序。我对中国近代大学史及其研究是外行，但我是王硕的导师，这部书稿我也是第一个读者，故勉为其难，也就此谈谈我一个外行的看法。

中国的学校教育历史悠久，但现代教育体系则是移植自西方和日本，大学体制亦是。自晚清新政时期现代大学兴起，到现在也不过一百多年，但就在这一百多年里，大学经历了非常复杂的变化，其发展也常是大起大落。仅以新中国成立以后为例，以我的了解，20 世纪五六十年代，中国的大学经历了快速的发展，但 60 年代中期到 70 年代初遭遇了难以挽回的大破坏，改革开放以后才恢复正常发展。而如何办好大学，如何办好中国的高等教育，我们还在摸索之中，因此，总结大学发展的经验教训，研究大学发展历程的得与失，非常必要。进一步，大学并非象牙之塔，其与社会发展的关系至为密切，社会的变化、政府的政策会给大学带来巨大的影响，反过来，大学的发展和挫折，又会影响社会的变动和发展。作为历史学者，我们会特别关注这样的问题，这也正是近些年来大学史受到学界重视的原因。

本书研究一所高校的个案，探讨一所专门性大学的曲折发展历程。20 世纪 50 年代以后，中国大学纷纷改学苏联模式，其中一个特点就是从综合性大学变为专科或专门大学，本书作者一般称为“行业特色大学”。在我看来，行业特色大学有其优势，能够快速培养国家建设急需的人才，缺点是专业设置比较狭窄，可能导致学生知识面、视野不宽，并影响其创造性的发挥。专到极致，有可能近于职业培训，而缺失或淡化了大学引领人类文明发展与进步的功能。如何继承发扬其长处，尽量避免其短处，可能是今后这些行业特色大学发展要注意的问题。而研究、探讨这类学校的发展及其特点，就成了大学史乃至中国近现代史学者需要关注的课题。

王硕的书稿，不是单纯探讨一个行业特色大学的诞生和发展，而是结合高校与政府、行业管理部门的互动，考察华北电力大学的发展。前面说过，历史学者关注大学与社会的关系，大学的发展，与整个国家的发展息息相关，当我们国家发展得好的时候，大学也能正常甚至超常发展；当国家发展曲折时，大学也会受到挫折甚至成为重灾区。当然，即使在困难时期，华北电力大学师生和领导也能在允许的范围内为学校的生存和发展尽力，其中包括当时的军代表甄济培。正因为有很多人的努力和坚持，才赢来了华北电力大学今天的成就。

王硕曾长期在华北电力大学工作，历史学出身的他，对该校历史有浓厚的兴趣，亦有深入的了解。书稿写作时，王硕负责学校最大的一个学院——学生人数超过5000——的学生工作，可见其工作量之大之艰巨。王硕克服了重重困难，包括繁重的工作和家庭的困难，拼挤时间完成这部书稿。我读书稿，注意其几个特色。一是利用、参考了大量口述调查资料，仅是整理好的口述资料就达30万字。这使本书有了扎实的资料基础。二是文笔流畅，作者娓娓道来，读起来亲切如身临其境，再配合口述访谈资料的运用，生动耐读。我读书稿，常觉似自身跟随这所学校的师生，在时代的大潮之下，时而迷惘、痛苦、艰难度日，不知自身出路之所在；时而奋发努力、克服困难，为学校的生存发展也是为中国高等教育及电力事业的发展而抗争而拼搏。当然，更多的是后者……也能感受到一些有远见的领导者为这所学校创立、生存和发展所做的贡献。

以我的了解，大学史的研究，是个较新的学术领域，近20年已有不少成果问世，有的如西南联大，还成为各界关注的热点。但像华北电力大学这类行业特色大学，研究还很不够。这也正是本书的价值所在。进一步说，这类大学与国家、社会的互动关系，更值得深入探讨和挖掘，王硕已经注意到此问题，关注了“政府、行业与学府互动”的视角，并认真探讨了这些问题——相信会有助于推动学界对大学史特别是此类大学的认知。

书稿还存在一些问题，以我的认知，那就是作者还没有完全脱离以往的校史模式。大学史和校史不同，我的理解，校史一般由大学自己组织编写，目的在向本校教职工、学生以及社会介绍自己学校的情况，展现自己学校的成就；大学史则需要完全站在客观的学理的角度，分析学校的发展及挫折，探讨其客观规律，包括大学与社会、政府的关系。王硕其实已经认识到了这个问题，并往大学史的方向做了很多努力，但他在华北电力大学工作多年，对学校有着深厚的感情，写起来往往情不自禁。我觉得，这也是可以理解的。

大学史的研究并不容易，研究者需要各种知识和多学科素养的储备，更需要有对教育、对社会的洞察力。因此，包括本书作者王硕在内，还需要学界更多的努力以推进大学史的研究。

谨为此小序。

迟云飞

于京郊梦想家园

目 录

绪　论

一　选题缘起

新中国成立以来，中国大学经历了一系列的复杂发展历程。有的大学直接承继 1949 年以前的大学，经过一系列改革调整，而后得以发展，如在北方的清华大学、北京大学、天津大学、南开大学；有的是新建或近乎新建，在国家迅速工业化、现代化的背景下迅速发展，如解放军军事工程学院（又称哈尔滨军事工程学院，后来一部分主体迁到长沙，形成了国防科学技术大学，留下部分成为哈尔滨工程大学）；有的初建时并非大学，但在国家支持和自身努力下，逐步发展成实力强大的知名大学，本书研究的华北电力大学，就属于这一类。此类大学的曲折发展，既反映了中国现代化的进程，也反映了中国高等教育发展历程。从管理体制而言，20 世纪 90 年代以前，高等学校有的归教育部门管辖，有的归中央各部委管辖，有的归各省、自治区、直辖市管辖，其经费渠道亦复如此。其中，归中央各部委管辖的高等学校，与各部委及所属行业在互动中发展，形成了独具特色的高等教育发展模式，值得深入研究。

华北电力大学这类部委管辖的行业高校成立与发展，是国家现代化建设的产物，某种意义上也是学习苏联高等教育模式的产物。1949 年中华人民共和国成立后，中国电力行业开启了新征程，为尽快缓解国家电力专业人才严重匮乏的局面。1950 年，中央人民政府燃料工业部电业管理总局，决定成立电力职工学校，这是一所中等专业学校。之后这所学校经历了辗转多地、逐步升级的办学发展历程：先在 1953 年改为北京电力学校，又在

1958年升级为北京电力学院，继而在1970年改名为河北电力学院，再到1978年改称为华北电力学院，直至1995年合并后命名为华北电力大学。这所电力专业学校的更名与迁徙与中国高等教育不断调整、探索、改革和国家对专业人才需求逐步提档升级密不可分。其背后更是隐含了政府、行业与学校之间的互动、协调与成长，贯穿其中的主线是新中国蓬勃的发展之路。

有鉴于此，深入研究这所学校的发展历程及蕴含其中的各种力量与关系，无疑有着较强的现实意义，也具有较高的理论意蕴，具体而言，主要体现在以下三方面。一是希望通过对一所行业特色鲜明学校的个案研究，来深化电力专业教育发展变化和高等教育体制变迁的研究。同时，通过梳理高等教育发展中一所电力专业学校的变迁历程，从而透视中国电力行业发展历程，揭示中国电力行业发展特征及其诸多因素之间的互动与发展。二是希望能为中国大学史和高等教育高质量建设提供特色明显的研究个案。当前，国家正在努力推进高校“双一流”建设这一重大战略决策，以期推动高等教育不断跨越，实现未来的高质量发展，同时也是促进我国真正实现在高等教育方面，由大国向强国的转变。毫无疑义，这需要我们从历史发展和办学传统中汲取成功经验和反思曲折教训。三是拓展华北电力大学相关历史、文化等方面的研究。就这所学校目前校史编撰及相关研究而言，已有大量资料梳理和深厚研究基础，但受其鲜明的校史传统特点所限，其关注面较窄，呈现出单线梳理式叙述特征，这就为本书在学术研究及相应学理性拓展、社会文化史呈现等方面的继续深入，提供了较多的探讨空间。

二　相关学术史回顾

国内外学界直接以中国行业特征明显的高校为研究个案，并分析政府、行业与学校的相互影响、促进发展的论著还不多见。但诸多研究成果直接或间接地涉及这个问题，成为笔者展开本课题研究的重要基础，并提供了诸多可资借鉴的参考资料。这些多层面、多视角、分类别的梳理和研究成果，主要体现在研究中国近代大学史、中国电力行业历史发展的相关论著中，笔者分析，主要包括以下两方面。

（一）关于中国近代大学史的研究

近代以来，包括大学在内的教育发展，是促进社会发展及国家富强的重要手段，广受全社会的关注。大学与近代中国社会、文化、政治的变迁紧密相连，故大学史是学界比较关注的课题。近年来，关于中国近代大学史的研究，已经在研究路径上实现了拓展，为人们打开了更为广阔的学术视野。中国近代大学史有别于传统的校史编撰，已不再是历史纪年的叙述式概括，而是将其放入特定历史背景下，分析科技成果的创造、前沿思想文化的孕育等与国家、社会和整个科学事业发展进程的密切关联因素，从而使其成为观察近代中国社会的独特视角。特别是近30年来，学界在中国大学史研究的诸多领域已经积累了较为丰硕的研究成果，就本书相关方面概而言之，可以分为两类：（1）华北电力大学校史编修及中国大学史总体研究状况；（2）一些行业特色大学史的研究状况。

1. 关于华北电力大学校史及中国大学史的研究

作为一所电力行业特色鲜明的大学，有关校史研究成果主要以下述三本书为代表。它们分别是2018年版校史《华北电力大学校史（1958—2018）》，以及2008年版校史《华北电力大学校史（1958—2008）》①。此外，还有一本不为人所熟知的1988年版校史《华北电力学院院史》②，其中对该校早期历史的叙述较为翔实。

《华北电力大学校史（1958—2018）》充分吸纳了《华北电力大学校史（1958—2008）》相关内容，也借鉴了《强校之路——华北电力大学办

① 校史编写组编《华北电力大学校史（1958—2018）》，中国电力出版社，2018；朱常宝主编《华北电力大学校史（1958—2008）》，中国电力出版社，2008。

② 孟昭朋：《华北电力学院院史》，华北电力学院，1988。

学理念与创新实践（2001—2011）》[①]《中华人民共和国电力工业史（教育卷）》[②]，以及一本内部资料《华电记忆》[③]。编写组得到了该校众多离退休教职工、在职教职工、校友的支持，很多人还录制过一些宝贵的口述录音、视频等资料，这些鲜活的内容提供了丰富的历史素材。

实际上，包括华北电力大学校史在内的中国大学史研究最初也是以校史编撰形式出现，大致可以分为三个前后相承、逐步深化的层次，体现了鲜明的递进特征，可以视为如下三个阶段。

第一个阶段开始于20世纪的七八十年代，一些著名的大学如北京大学、清华大学、南开大学、北京师范大学等，编撰了自己的校史。教育部的统一要求，加快了这一进程。1984年《教育部关于编写校史的通知》下达后，迅速推动了各高校校史的编撰工作，包括华北电力学院也在1988年编撰了自己的《华北电力学院院史》。这些校史工作成果，在很多大学实现了零的突破，但是从学术研究的角度来看，无疑也存在史料相对不足、深层次的研讨不足的情况。而且由于时代和校园特点的局限，这些校史在编撰过程中，其体例上和文字风格上难免有着风格相似，体例雷同的不足。

第二个阶段则大致形成在20世纪90年代。这一时期有一个特殊的背景，就是一些大学已经建校百年，而百年校庆又是特别需要总结回顾的，因此很多大学的校史著述应运而生。这些校史记录着百年辉煌，又期望为后人留下经验总结，所以编撰者在校史中特别凸显了学校的悠久历史和优良的学术传统。大量的百年校庆相关的校史，呈兴盛之势，从而也就为大学史研究的繁荣奠定了基础。随着改革开放的深入和高等教育的发展，加之这一时期的校史编纂已经融入了一定的近代史研究的理论成果，这些校史成果也因此有一些已经呈现更为生动的叙述框架。但从历史叙述与社会

---

① 刘吉臻主编《强校之路——华北电力大学办学理念与创新实践（2001—2011）》，高等教育出版社，2012。

② 许英才主编《中华人民共和国电力工业史（教育卷）》，中国电力出版社，2007。

③《华电记忆》是由华北电力大学党委宣传部编印的内部资料，由北京、保定两校区汇集。

发展的角度看，仍然欠缺一定的深度，而且对大学与外部世界的联系所述不多。

与大学组织官方校史编写的同时，一些个人推出了个性更为鲜明的研究成果，这些著作在新的理论成果，尤其是中国近代史研究的新视角新观念方面有所突破。陈平原 1998 年著述的《老北大的故事》[①]，就是这样一部代表作，这本著作通过记述北京大学的名人逸事，勾勒出一种学理层面的校史。

第三个阶段则始于 21 世纪，并逐渐形成了多元的成果。众多的大学官方校史，以及个人著述，已经能够在大学史研究中引入多种研究视角，如社会生活史的视角、政治文化史的视角。田正平、潘文鸯在《关于中国大学史研究的若干思考》一文中指出：现在的大学史研究已经成为涉及多个学科的领域，如历史学、教育学、社会学等不同学科。而且随着中国高等教育自身的迅猛发展，以及面向世界建设一流大学的宏图设想，大学史研究由于可以在观照现实与展望未来之间颇有空间，并已经逐渐成为学术研究的热点，聚拢了众多的来自不同学科的研究者。其中多位学者，还开拓了“新大学史”的研究，着重从社会史、文化史、学术史等新视角进行探讨。[②]

从学位论文选题也能看出大学史研究的发展趋势。以中国知网的硕士研究生、博士研究生学位论文数据库为例，2022 年 5 月笔者以“校史”为主题词，检索到学校发展历史相关内容的有 287 篇博硕学位论文，其中博士学位论文 42 篇。从 2001 年 1 月到 2022 年 5 月，关于校史的学位论文数量总体上呈上升趋势，如 2005 年仅有 3 篇，而 2021 年则上升到 25 篇。总体上有关校史的研究成果这一时期已经相当丰富了。在现有校史研究的一些学位论文研究成果中，颇有特色的有王东杰撰述的《政治、社会与文化

① 陈平原：《老北大的故事》，江苏文艺出版社，1998。

② 田正平、潘文鸯：《关于中国大学史研究的若干思考》，《社会科学战线》2018 年第 2 期。

视野下的大学“国立化”：以四川大学为例（1925—1939）》[①]，有许小青撰述的《从东南大学到中央大学——以国家、政党与社会为视角的考察（1919—1937）》[②] 等。孙宏云、刘超对清华大学的研究，蒋宝麟对中央大学的研究等，也有一定影响。这些研究已经能够突破传统上的狭义校史视野，呈现出丰富的研究关切。

在大陆学者进行研究和阐释的同时，中国台湾及海外学者对此亦有关注。中国台湾学者苏云峰在 20 世纪 70 年代，已经开始了对清华大学、南京大学的研究。类似的研究者还有中国台湾学者黄福庆、陈以爱等人。他们的研究长于从一个小切口观察中国乃至世界，能够从一校一院的变迁来观察近代中国的诸多变化。海外学者也推出了相关的成果，如美国学者 Wen-hsin Yeh（叶文心）的 *The Alienated Academy: Culture and Politics in Republican China 1919 - 1937*（中译本《民国时期大学校园文化（1919—1937）》）[③]，Timothy B. Weston（魏定熙）的《北京大学与中国政治文化（1898—1920）》[④]，等等。其中，John Israel（易社强）的 *Lianda: A Chinese University in War and Revolution*，中译本《战争与革命中的西南联大》[⑤]，是研究西南联大众多成果中的精品，其引证之丰富与用笔之灵动令人印象深刻。

以上可见，在大学史研究成果之中，既有通史性校史成果，也有学理性大学史研究。通史性的校史研究基本上是大学官方组织撰述，内容严谨规范、面面俱到，但在研究意蕴和学术深度上稍有不足。学理性大学史研究，难于做鸿篇巨著式的全景性呈现，但易于聚焦于小切口、较小的时间

---

① 王东杰：《政治、社会与文化视野下的大学“国立化”：以四川大学为例（1925—1939）》，博士学位论文，四川大学，2002。

② 许小青：《从东南大学到中央大学——以国家、政党与社会为视角的考察（1919—1937）》，博士学位论文，华中师范大学，2004。

③ 〔美〕叶文心：《民国时期大学校园文化（1919—1937）》，冯夏根等译，中国人民大学出版社，2012。

④ 〔美〕魏定熙：《北京大学与中国政治文化（1898—1920）》，金安平、张毅译，北京大学出版社，1998。

⑤ 〔美〕易社强：《战争与革命中的西南联大》，饶佳荣译，九州出版社，2012。

段或者某一问题，立足于大学史的一个方面切入进去，深入探究。在众多的研究之中，对于新的研究点，有的学者建议：“中国大学史是对以往大学校史研究的一种反思和超越，其根本性的理论关怀在于透过大学重新审视现代中国的国家与社会。个案性的‘大学’不仅是研究对象，更是一种独特的研究视角与问题切入点。”[①] 类似的观点中，桑兵认为：“传统的大学史研究，往往比较注重从大学系统内部着笔，包括学校的组织、机构、人事、师资、学术成就等方面形成各校的校史（即内史），将大学的历史限于一校之内，其主要弊端在于忽略了大学作为社会之一部分，阻碍了完整社会史的呈现。”[②] 总体上，大学史研究已经开始发生新的变化。

2. 关于行业特色大学史的研究

数量众多的主要由中央各部委（教育部之外）管理并提供主要经费的大学，是新中国高等教育发展史上的重要一环，笔者称之为“行业特色大学”。相对于一般大学史研究而言，行业特色大学作为研究对象起步较晚。在高等教育的管理体制改革之前，很少有研究行业特色高校的专门成果出现。对行业特色大学的大量研究始于1998年之后，许多行业特色大学的管理体制在当时的调整和转型发展过程中，面临一些困惑和难题，随着大学自身的反思和研究，以及国家、社会和学界的重视，对这类大学的研究广泛展开，并组织了专门的论坛年会。2003年教育部第一轮本科教学水平评估工作启动以后，围绕行业特色高校的研究逐渐增多，但大都停留在感性认识和经验总结的层面。

近十多年有关行业特色大学的研究成果逐渐增多，并出现了相关的硕士学位论文、博士学位论文和专著。其中可以为研究借鉴的博士学位论文中，有沈红宇的《中国行业特色研究型大学发展研究》[③]，简述了行业大学办学的三个主要阶段、与行业之间密切的联系，及与行业关系弱化后出现

---

① 王健主编《中国史理论前沿》，上海社会科学院出版社，2016，第155页。

② 桑兵：《治学的门径与取法——晚清民国研究的史料与史学》，社会科学文献出版社，2014，第245页。

③ 沈红宇：《中国行业特色研究型大学发展研究》，博士学位论文，哈尔滨工程大学，2010。

的困难。闫俊凤的《我国行业特色高校发展战略研究》[①]，认为有关行业特色大学的研究，不论从概念表述，还是从内涵辨析来说，均已经出现了包括历史发展演变、大学文化等不同主题的研究内容。研究的趋向也更加深入，更加细分化和专题化。但是总体上对行业特色大学的研究多以实践经验描述为主，理论体系构建较少。

由于国情的不同和文化的差异，国外罕有行业特色大学的提法，但是国外有具有相似工业背景的大学，这些大学在建设与发展的模式上也实践着行业特色大学的发展之路，有的内容也可以为国内行业特色大学所借鉴。

在其他研究中，对行业特色大学的历史发展阶段，有两个主要的观点。其一认为源头在近代，随近代中国高等教育体系的出现而产生。如陶羽、李健认为清末的实业学堂、民国初期的一些专门学校、新中国成立后两次院系调整、1995 年后行业高校的改革，可以视为四个主要发展阶段。[②]徐晓媛认为 20 世纪初期，中国模仿借鉴西方举办的一些讲（传）习所、学堂、专门学校、专科学校、独立学院等，已经有了相关行业特色学校特征。[③] 其二认为源头在 20 世纪 50 年代，由借鉴苏联模式而来。这时候的众多专门学院、大学，包括一些重点中专，涉及了各行各业的诸多领域，都曾认真系统地学习苏联模式。即使后来有过多次变动和改革，包括被教育部或者地方管辖，这些大学仍然具有自身鲜明的特色。

从已有文献来看，多数学者持第二种观点。在这部分研究成果中，有的具有开创性。如高文兵提出中国行业特色高校三阶段论，分为工业化初创时期、改革开放时期、新型工业化时期。[④] 张锦高认为 20 世纪 50 年代的院系调整是行业特色高校发展的起点，90 年代的高等教育体制改革，又

① 闫俊凤：《我国行业特色高校发展战略研究》，博士学位论文，中国矿业大学，2014。

② 陶羽、李健：《行业高校及其特色学科的历史地位和存在价值》，《中国成人教育》2018 年第 6 期。

③ 徐晓媛：《对我国行业特色高校发展的回顾评析与思考》，《教育与职业》2013 年第11 期。

④ 高文兵：《新时期行业特色高校发展战略思考》，《中国高等教育》2007 年 Z3 期。

进一步促进了政府、行业与大学之间的关系演进。[①] 冯晋祥、宋旭红认为，行业特色大学在1949—1997年体现为依附于行业，办学管理体制上是行业部门主管；在1998—2000年则出现了很多的解离行业部门，通过中央与地方共建为主的管理体制；从2001年至今，又出现了行业特色大学希望重新建立行业对大学的支持指导的长效机制，以获求行业性大学和行业的彼此发展。[②]

研究行业特色大学的历史，了解行业特色大学的源头和发展历程，才能理解和认识这类大学的本质特点和发展现状。现在有的研究者认为，重拾行业特色不失为一种发展方略，对众多的中国行业大学而言，这种做法并不是要回到只为对口行业服务的计划经济时代，而是为了在市场经济条件下，更好地做到主业突出（或一业为主）、多元发展。

（二）中国电力行业历史研究状况

作为国内为数不多的行业类大学，华北电力大学的过去、现在与未来自然与中国能源电力行业发展密切关联。长期以来，电力工业部门的推动、电力大学工作者的努力及其推出的研究成果，无疑是研究这所行业大学的重要基础。目前电力大学史的研究成果中既有通史性研究，又有各种资料集整理、汇编和回忆录；既有电力教育、科技和文化研究，又有电力改革和研究方法。下面分而述之。

1. 关于中国电力通史的研究

通史类的中国电力史相关著述，成果较为丰富，且基本是官方组织编撰而成，主编、编委绝大多数也为电力行业的领导者和从业者，他们易于获得相关史料，能够获得一线信息。李代耕本人曾任水利电力部副部长、电力工业部副部长，他在1983年所编的《中国电力工业发展史料：解放

---

① 张锦高：《政府、行业与特色型大学的关系演变与共同发展》，《第三届高水平行业特色型大学发展论坛年会论文集》，2009。

② 冯晋祥、宋旭红：《对国外高等职业教育人才培养模式的分析与思考》，《航海教育研究》2000年第3期。

前的七十年（一八七九——九四九）》[①]，以及1984年所编著的《新中国电力工业发展史略》，是新中国电力史上的开篇著作。[②] 马致中是资深电力建设者，1988年他个人编著的《新中国电力基本建设》[③]，以及2004年编著的《中国电力建设史》[④]，内容和细节均相当丰富。其他还有一些著述，如《改革开放三十年的中国电力》[⑤]、《新中国电力五十年》[⑥]、《回顾与展望——中国电力工业120年（1882—2002）》[⑦]、《逐日——纪念中国电力工业120周年》[⑧] 等，内容都很有可取之处，有的图片甚多，可以作为研究之用。各地电力企业也做了很多电力历史的撰述。2021年，时值建党百年，中国电力企业联合会编《中国电力工业史（综合卷）》[⑨]，是最新版本中国电力史汇编成果，其质量较之以往更有进步，是集大成之作。同时其他各分卷也在组织编撰中。除了以上内容，在火力发电、水力发电、电网调度等方面也有专门著述。

2. 关于中国电力史回忆录、志、年鉴、资料汇编的出版情况

《电力要先行——李鹏电力日记》包含1979年到2005年有关中国电力工业改革与发展相关内容。[⑩] 张彬主编的《中国电力工业志》是囊括众多的成果群，包括《华北电力工业志》《华东电力工业志》《陕西省电力工业志》等若干工业志。[⑪] 不同时期的《中国电力年鉴》以及各地电力年

---

① 李代耕编《中国电力工业发展史料：解放前的七十年（一八七九——九四九）》，水利电力出版社，1983。

② 李代耕编著《新中国电力工业发展史略》，企业管理出版社，1984。

③ 马致中编著《新中国电力基本建设》，北京农业大学出版社，1988。

④ 马致中编著《中国电力建设史》，科学技术文献出版社，2004。

⑤ 中国电力企业联合会编《改革开放三十年的中国电力》，中国电力出版社，2008。

⑥ 国家电力公司编《新中国电力五十年》，中国电力出版社，1999。

⑦ 中国电力报社、中国电力报刊协会编《回顾与展望——中国电力工业120年（1882—2002）》，中国电力报社、中国电力报刊协会，2002。

⑧ 国家电力公司、中国电力企业联合会编《逐日——纪念中国电力工业120周年》，人民日报出版社，2002。

⑨ 中国电力企业联合会编《中国电力工业史（综合卷）》，中国电力出版社，2021。

⑩ 李鹏：《电力要先行——李鹏电力日记》，中国电力出版社，2005。

⑪ 张彬主编《中国电力工业志》，当代中国出版社，1998。

鉴，资料翔实可靠。[1] 国家电力公司推出的史料文献《中国电力发展的历程》与《中国电力年鉴》配套推出，书中所述的电力发展历程，分别是1882—1992 年、1993—2002 年，以及现阶段。[2] 这些内容成为电力工业相关信息的丰富知识库。

3. 关于中国电力教育、科技、文化的研究

1992 年中国电力教育发展战略研究办公室编《中国电力教育发展战略研究》[3]，2004 年龚洵洁、胥青山编著的《中国电力高等教育》[4]，以及2007 年出版的《中华人民共和国电力工业史（教育卷）》[5]，都对教育方面着墨甚多，且后两本已经在持续尝试突破。此外，校史类资料更为众多，河海大学与其前身华东水利学院，武汉水利电力大学承继者武汉大学水利水电学院，华北电力大学及其前身华北电力学院，以及上海电力学院（上海电力大学）等，都有相关校史（院史）。黄晞 1986 年编著的《电力技术发展史简编》[6]，及其 2006 年著的《中国近现代电力技术发展史》[7]，都值得了解，是难得的成果。黄亚洲、陈富强、柯平的报告文学《中国亮了》[8]，王竹主编的《蓦然回首灯火阑珊处：北京百年电业稗史蕞谈》[9]，虽为文学读物，但不乏史料性。

4. 关于中国电力改革和研究方法的研究

中国电力改革，是新时期以来较为明显的研究热点。杨鲁、田源主编的《中国电力工业改革与发展的战略选择》[10]，《中国电力企业管理》杂志

---

① 《中国电力年鉴》，中国电力出版社，1981—2008。

② 《中国电力发展的历程》，中国电力出版社，2002。

③ 中国电力教育发展战略研究办公室编《中国电力教育发展战略研究》，湖北科学技术出版社，1992。

④ 龚洵洁、胥青山编著《中国电力高等教育》，武汉大学出版社，2004。

⑤ 许英才主编《中华人民共和国电力工业史（教育卷）》，中国电力出版社，2007。

⑥ 黄晞编著《电力技术发展史简编》，水利电力出版社，1986。

⑦ 黄晞：《中国近现代电力技术发展史》，山东教育出版社，2006。

⑧ 黄亚洲、陈富强、柯平：《中国亮了》，作家出版社，2007。

⑨ 王竹主编《蓦然回首灯火阑珊处：北京百年电业稗史蕞谈》，中国林业出版社，2008。

⑩ 杨鲁、田源主编《中国电力工业改革与发展的战略选择》，中国物价出版社，1991。

社、《电业政策研究》编辑部编辑的内部资料《电力体制改革参考资料汇编》[1]，可作为研究中国电力改革的重要参考。同时，很多的成果体现在论文方面。如王岐山的《中国垄断行业的改革和重组》[2]，江汇、褚景春的《中国不同历史时期电力发展与电力体制改革关系的理论思考》[3]，都述及了中国电力相关改革分期和内部情况。周鲁霞的《从垄断到竞争：发电厂商经营策略选择》[4]，国家电网的《光耀历史的天空——新中国60年电力改革发展述评》[5]，张文泉、高玉君的《电力改革三十年回眸与展望》[6] 等具有突出的学术价值。

在研究方法方面，姜红的《浅谈以借鉴历史教训来指导电力发展》[7]，师解文、李爱琴的《电力工作者的新使命——研究、应用电力史和电力哲学》[8]，均是少有的从史学、哲学方面论述中国电力发展的著述，学术思想的开拓意识弥足珍贵。

综上所述，现有研究成果既为我们展开研究提供了较为扎实的基础资料，又为我们提供了可资借鉴的研究路径和方法，更为我们进行全面系统研究，或者从某一方面切入研究，留下了较大空间。现有的研究成果主要体现为校史的展示，相对于主流史学研究而言，这些成果仍显得较为基础，或者比较零碎。

---

① 《中国电力企业管理》杂志社、《电业政策研究》编辑部编《电力体制改革参考资料汇编》（内部资料），2002。

② 王岐山：《中国垄断行业的改革和重组》，《管理世界》2001年第3期。

③ 江汇、褚景春：《中国不同历史时期电力发展与电力体制改革关系的理论思考》，《华北电力大学学报》（社会科学版）2007年第1期。

④ 周鲁霞：《从垄断到竞争：发电厂商经营策略选择》，博士学位论文，北京交通大学，2007。

⑤ 《光耀历史的天空——新中国60年电力改革发展述评》，《国家电网》2009年第10期。

⑥ 张文泉、高玉君：《电力改革三十年回眸与展望》，《华北电力大学学报》（社会科学版）2009年第1期。

⑦ 姜红：《浅谈以借鉴历史教训来指导电力发展》，《中国电力教育》2014年第35期。

⑧ 师解文、李爱琴：《电力工作者的新使命——研究、应用电力史和电力哲学》，《周口师专学报》1998年第2期。

三 写作思路和研究方法

在写作思路上，笔者以 1950—1995 年华北电力大学的历史变迁为研究对象，以政府、行业和学校互动与发展的视角切入，希望注重宏观背景下的微观个案考察，即深入探讨以政府部门、中国电力行业、学校三者之间的互动与因应，变革与发展。最终希望完整、准确呈现处于国家变迁、教育体制改革与中国电力行业发展之中的这所学校，如何从最初的中等专业学校演变成一所国内知名的大学。

在研究方法上，笔者希望做如下努力。一是采用文本细读和语境分析相结合的方式方法。历史文本呈现了书写者的思想和特定时期的泛历史图景，具有特定表达对象，是难得的历史一手资料。只有通过历史语境的分析和梳理，历史文本才有可能真正得到理解。简而言之，希望通过多重历史语境的具体考察，结合合理解读相关文献资料，才有可能重新构建历史的相关方面，才能对历史事件及其发展变化努力做出尽可能符合实际状况的解释，最终期望达到“了解之同情”。二是采用多学科研究方法。应用历史学研究方法，加深对高等教育改革、中国电力行业变迁的理解和分析，争取更深度的融合。借鉴政治学、教育史研究方法和路径，借鉴社会文化史“自下而上”研究视角等。具体到写作中，更多地采取以叙述为主的方式，间以笔者对事件、人物的呈现和分析。在写作线索上准备按照事件本身的发生时间与发展逻辑进行描述，尽可能“如其所是”。

第一章 从电业管理总局职工学校到北京电气、电力工业学校（1950—1953）

虽同为教育部部属大学，华北电力大学并不像大多数高校那样，一开始就是大学，其早期的源头是“中央燃料工业部电业管理总局职工学校”。国家现代化建设，促成了这所学校的新生、成长、发展，以及1958年成为一所高校。新中国成立以来，这一类大学还有不少，华北电力大学有一定代表性，其成长见证了新中国高等教育的发展，也实践着新中国高等教育的发展模式。本章即从华北电力大学的源头开始考察这一段鲜为大众所知、缺乏完整呈现的往事。

第一节 电力行业人才短缺与华电开端

在各项事业百废待兴的新中国成立初期，建设人才在各行各业都是缺乏的，电力工业同样如此，而且由于电力工业的科技特点，对于人才的要求相对更高。同时，由于朝鲜战争期间及其之后，中国已受到西方国家的包围，周边环境相当困难和险恶。在这种情况下，中央做出了发展电力工业的重要决策。如何在各部门面临事业发展、急需人才的情况下，突破电力行业发展关键时期的人才稀缺“瓶颈”，补齐人才的“短板”，需要认真研究和努力破解。

1949年10月，中央人民政府燃料工业部（以下简称中央燃料工业部）成立后，部内成立电业管理总局、煤炭工业管理总局、石油管理总局等机关部门。电力是工业的动力源泉，在工业从战争中恢复与发展中，作用突出。电力工业的积极贡献与相应发展，与电力人才的数量和质量密切相关。因此，电力专业技术人才的培养与电力工业学校的建设，成为应有之义，得到国家的支持和鼓励。

一　教育必须为建设服务

1949年10月1日，新中国宣告成立，大家心潮澎湃、人心激荡。后来成为中央燃料工业部电业管理总局职工学校学生、华北电力学院党委书记、华北电力大学副校长的孟昭朋①就在天安门广场，作为中学生见证了这一重要历史时刻：

> 当目睹着第一面五星红旗升起，并亲耳聆听了伟大领袖毛主席庄严宣告"中华人民共和国中央人民政府成立了！"时，我们都坚定了要为新中国去奉献青春的信念！当晚，我和同学们参加了盛大的提灯游行，直至深夜。那天晚上，大家都没有回家，兴奋地睡在学校的教室中。②

除了巩固新生政权外，发展经济，迅速实现工业化，是国家的首要目标。新生的中华人民共和国在《中国人民政治协商会议共同纲领》中描绘

---

① 孟昭朋（1935—2017），男，北京人，教授级高级工程师，中共党员。1953年7月北京电力工业学校汽轮机专业毕业并留校任教，后于中央燃料工业部基础课师资班工程力学专业进修。1958年任北京电力学院团委副书记、院党委委员。1966年下放劳动。1973年起先后任河北电力学院、华北电力学院电力系党总支书记、系副主任、院党委委员。1983年12月任华北电力学院党委书记。1989年12月任北京水利电力经济管理学院党委书记。1992年10月任北京动力经济学院、北京电力管理干部学院党委书记。1995任华北电力大学副校长（正司级）兼电力部党校副校长。1997年退休。口述内容丰富生动，可观校园沧桑变迁，也可见其一生奉献。

② 孟昭朋口述，丁清整理《无悔地与华电一同成长》，转引自华北电力大学党委宣传部《华电记忆》第三辑，2016，第1页。

出国家努力的方向："发展新民主主义的人民经济，稳步地变农业国为工业国。"[①] 在工业方面，"应以有计划有步骤地恢复和发展重工业为重点，例如矿业、钢铁业、动力工业、机器制造业、电器工业和主要化学工业等，以创立国家工业化的基础"[②]。

在这样的历史背景下，加快发展教育，加快人才培养，成为国家格外关注的问题。《中国人民政治协商会议共同纲领》指出："有计划有步骤地实行普及教育，加强中等教育和高等教育，注重技术教育，加强劳动者的业余教育和在职干部教育，给青年知识分子和旧知识分子以革命的政治教育，以应革命工作和国家建设工作的广泛需要。"[③] 为了在文化教育方面落实《中国人民政治协商会议共同纲领》的要求，1949 年 12 月 23—31 日，第一次全国教育工作会议召开，提出教育要服务国家建设，须向工农开门办学，要学习解放区教育经验，须吸收旧教育有益经验，须借鉴苏联教育先进经验。[④]

第一次全国高等教育工作会议在 1950 年 6 月 1—19 日召开。300 余名来自全国各大行政区教育（文教）部门以及主要高等学校的负责人、专家、中央各部门代表在北京举行了会议，毛泽东、周恩来等党和国家领导人高度重视这次会议并接见与会代表。会议讨论了新中国高等教育的具体指导方针，要求吸收工农干部和工农青年进入高等学校，要努力培养工农阶级出身的新型知识分子，并吸收这些人参加国家建设。[⑤] 1950 年 6 月 8 日，周恩来在大会讲话中强调："现在我们国家的经济正处在恢复阶段，

① 徐辰编著《宪制道路与中国命运：中国近代宪法文献选编（1840—1949）》（下），中央编译出版社，2017，第 454 页。

② 徐辰编著《宪制道路与中国命运：中国近代宪法文献选编（1840—1949）》（下），中央编译出版社，2017，第 459 页。

③ 徐辰编著《宪制道路与中国命运：中国近代宪法文献选编（1840—1949）》（下），中央编译出版社，2017，第 461 页。

④ 董宝良主编《中国近现代高等教育史》，华中科技大学出版社，2007，第 253 页。

⑤ 董宝良主编《中国近现代高等教育史》，华中科技大学出版社，2007，第 253 页。

需要人‘急’，需要才‘专’。”“为了适应需要，可以创办中等技术学校。”[①] 1950年7月，《高等学校暂行规程》和《专科学校暂行规程》经第一次全国高等教育会议提出，并得到政务院的批准。1952年11月成立的高等教育部，其职责包括中等技术教育和高等教育。

毛泽东十分重视电力工业发展。1950年9月11日，毛泽东回复石家庄电业局、天津第三发电厂的职工来信："转来石家庄电业局全体职工给我的信及天津电业局第三发电厂全体职工给我的签名信，均已收到。请转告两处电业职工同志们，感谢他们的好意，希望他们团结一致，努力工作，为完成国家任务和改善自己的生活而奋斗。”这封复信很快传达到全国电力行业的干部职工中。国家领袖的关心关怀，激励着电力行业的人们。[②]

二　发展电力要解决人才问题

为落实《中国人民政治协商会议共同纲领》电力工业方面的发展规划，1950年2—3月，第一次全国电力会议在北京召开。会议决议："规定了电力工业的基本方针和任务；保证安全发供电，并准备有重点地建设二三年内工业生产所需的电源工程。”在同年7—8月又于北京召开了首次全国水力发电工作会议。会议讨论拟定的决议报告，得到了政务院批准。[③]

国家把电力作为重点发展行业，但就现实而言，电力工业相关人才培养的高等学校和教育模式，还与之不相匹配。当时，我国专门培养电力人才的大学很少，设立了电机系的大学只有清华大学、北京大学、重庆大学、浙江大学等10多所高校，设立了水利专业的有少数高校的土木系，设立了动力机械课程的则是少数高校的机械系。[④] 不仅电力行业相关人才的

---

① 陈大白主编《北京高等教育文献资料选编（1949—1976年）》，首都师范大学出版社，2002，第43页。

② 中国电力企业联合会编《中国电力工业史（综合卷）》，中国电力出版社，2021，第196页。

③ 濮洪九等主编《中国电力与煤炭》，煤炭工业出版社，2004，第28页。

④ 龚洵洁、胥青山编著《中国电力高等教育》，武汉大学出版社，2004，第1页。

数量极少，而且培养能力十分有限。如北京电力行业，“电业职工多数是文盲和半文盲，电力专业技术人才十分缺乏。1950 年以前，北京电力企业根本没有电业职工教育机构，电力职业技术学校更是空白”[①]。这种情况，对于蓬勃发展的电力工业来说，远远不能适应需要。

概而言之，由于国家电力工业是国民经济的基础产业，新中国成立以来，受到了党和国家的高度重视，电力工业的建设发展也得到充分重视。为了解决电力各类人才奇缺的现状，电力工业需要培养现有人才、培育未来职工。

三　华电开端：电业管理总局职工学校的成立

新中国成立伊始，出于培养电力人才资源、促进国家行业发展，高等教育部门和相关行业主管部门开始着手推动成立各种专门技术学校。经过前期筹备，中央燃料工业部电业管理总局在原干部培训班基础上，成立了中央燃料工业部电业管理总局职工学校（以下简称电业职工学校），学校学制设为三年，办学地点分设在北京西城的大盆胡同的几个院子，计划招收学生 200 人，开设电气、动力两个专业。[②] 1950 年 5 月 26 日，教育部发布了《关于高等学校 1950 年暑期招考新生的规定》，要求各大行政区教育部门“根据该地区的情况，分别在适当地点定期实行全部或局部高等学校联合或统一招生”。这次招生是新中国成立以来，首次实行的部分学校有组织、有计划的招生。规定发布后影响很大，有 73 所学校参与这次联合招生。[③] 根据这个招生方法，电业职工学校也在多个地区组织了招生。

1950 年 10 月 9 日的《人民日报》，在一个栏目里刊登了电业职工学校录取通知。被录取者孟昭朋曾这样记述：

---

① 黄鹏良主编《中华人民共和国电力工业史（北京卷）》，中国电力出版社，2004，第 379 页。

② 孟昭朋：《华北电力学院院史》，华北电力学院，1988，第 13 页。

③ 郝维谦、龙正中主编《高等教育史》，海南出版社，2000，第 77 页。

那时是很自豪很幸福的事，所以，我一直珍藏这张早已泛黄的从报端剪下的小纸片。这份电业管理总局职工学校录取新生名单分八个大区：北京、津唐、察中、济南、南京、太原、石家庄和大同区，共195人，其中北京录取人数最多，有52人。其他省份多的20、30人，少的才7、8个人。[①]

1950年11月1日，电业职工学校开学了。[②] 最终报到的有167人。这所学校的开办，标志着北京乃至华北地区的电力系统有了正规的学校教育。[③]

当时招收对象面向的是中学生，但实际上，有些高中生甚至个别大学生也考了进来。首届学生孙国柱[④]回忆：

当时200人是全国招生，招初中毕业生参加这个电业职工学校。我那阵是天津十一中的高三学生，实际上高中的学生有那么四五十人也报名，还有一个大学（生）。[⑤]

考生们对这所职工学校如此热情，既与电力行业的发展前景有关，也与学校提供的优厚待遇有关。学校承诺，所有学生学习期间免交学费，免费食宿，并提供免费的文具书籍，以及一年单衣、棉衣各一套。来到这

---

① 孟昭朋口述，丁清整理《无悔地与华电一同成长》，转引自华北电力大学党委宣传部《华电记忆》第三辑，2016，第7页。

② 孟昭朋：《华北电力学院院史》，华北电力学院，1988，第13页。

③ 黄鹏良主编《中华人民共和国电力工业史（北京卷）》，中国电力出版社，2004，第380页。

④ 孙国柱（1932—2022），男，生于天津，中共党员，高级工程师。1950年进入中央燃料部电业管理总局职工学校学习，1951年留校工作，1954年在燃料部金属工学师资班学习。先后在北京电力学校、北京电力学院、河北电力学院、华北电力学院、北京水利电力经济管理学院工作，曾任校办工厂厂长、人事处副处长、华北电力学院北京研究生部副主任、北京水利电力管理干部学院副院长等职，1991年任北京水利电力经济管理学院监察审计室主任（副司级）。参与并见证学校重要发展，口述内容详细生动，提供了诸多珍贵史料。

⑤ 《孙国柱口述》，见华北电力大学档案馆《口述》第一辑，2021，第55页。

里，可谓是学习和生活无忧，未来工作不愁，这个优厚待遇在当时充满吸引力：

> 我们那会儿是抱着什么心情（来上学）呢？很复杂，这些人有的是考虑到生活各个方面，有的是从工作方面考虑，有的是职工子弟，所以都投到这个学校里面去了。……入学按说就是等于参加电力部门工作了，就跟电力职工一样的。我们那会儿每个月是120斤小米，这是待遇，学校发制服，发床单，发文具用品等。所以很多当时上学有困难的，有的甚至高中已经毕业了，或者没有机会考上大学的，或者没有精力再上的，也都过来了。[①]

生活不容易，电业职工学校的招生，给很多贫困学生以出路。当时在北京四中读高一，后来成为北京电力学校教师的李孝曾[②]说，当时他们一大家子人依靠父亲一个人在铁道部工作来维持，生活很困难。他到了高一连学费也交不起，虽然班主任老师提出可以缓交，拖到10月，但是家里一个哥哥又得了肺病，他实在是不忍心，也不想再张嘴向父母要钱了。当时他家距离北京图书馆很近，就每天去那里看书看报，希望找到一所不要钱的学校读书。一天，“终于好不容易，在报上找到了电业管理总局职工学校不要钱，还发学习用具。当时就很兴奋，一溜小跑回家，要了两毛钱就去报考。考上后，我到学校去告诉老师”。这个决定影响了他的一生，与这所中等专业学校结下一生的缘分。“也就是从这一刻起，我就再也没有离开北京电校、北京电力学院。”[③]

---

① 《孟昭朋口述》，见华北电力大学档案馆《口述》第一辑，2021，第140页。

② 李孝曾，男，1934年出生于南京，河北大城人，中共党员，高级工程师。1950年进入中央燃料工业部电业管理总局职工学校学习。1953年毕业后留校任教。1954—1955年在燃料工业部力学师资培训班学习。1958年北京电力学院成立后转入大学工作。历经北京电力学校、北京电力学院、河北电力学院、华北电力学院、北京动力经济学院等发展阶段。在校担任力学教研室教师，曾任北京水利电力管理干部学院人事保卫处处长、北京动力经济学院成人教育处处长等职。

③ 华北电力大学党委宣传部：《华电记忆》第四辑，2017，第14页。

由以上介绍可知，这所学校虽名为“中央燃料工业部电业管理总局职工学校”，实际上并非一般意义上的“职工学校”。它既不是内部职工培训机构，也不是业余学校，而是一所专门的全日制学校。或者说，当时学校的创办者，本身立意就是要创办一所专门学校，仅仅两年后学校改了名，成为正式的专门学校。这给学校后来发展为大学奠定了专业基础，提供了历史契机。

第二节 在辗转两迁中艰难办学

20世纪50年代初期，国家百废待兴，各方面条件较差，就是在这种很困难的环境条件下，学校努力求得发展，奠定了最初的基础。

一 迁到新校址又出现新问题

1951年4月，《关于高等学校1951年暑期招考新生的规定》经教育部对外发布，鼓励各大行政区在1950年基础上实行高校的统一或联合招生。就在这一年，包括华北、西北、东北、中南、西南、华东在内的六大行政区，成功实施了命题、招生、录取等工作。[①]

按照教育部新规定，1951年，电业职工学校招收200余人，在校生学生规模达到406人。[②] 办学师资方面，通过电业管理总局抽调方法完成，组织了有教师18人和管理人员51人的教育管理工作队伍，此外，还聘请了一些兼职教师。专业课的教学方面，主要由电厂和电力局的技术员、工程师来担任老师。[③] 但是最大的困难还是发生了，师资还可以勉强维持，校舍和实验室则无法满足需要，大盆胡同的几个院子只是普通的北京小四合院，承载量已经到了极限，无法满足新一届学生入学之后的办学需求。

---

① 郝维谦、龙正中主编《高等教育史》，海南出版社，2000，第77页。

② 孟昭朋：《华北电力学院院史》，华北电力学院，1988，第13页。

③ 朱常宝主编《华北电力大学校史（1958—2008）》，中国电力出版社，2008，第2页。

1951 年 9 月，马上就要开学，但现有教学场所已经无法继续承载和接收新的学生，电业管理总局经过多方努力，联系了天津工业学校，请求帮助解决教学困难。所有师生迁移到天津，并入天津工业学校，成为该校的“一部”，原天津工业学校改为“二部”。“一部”和“二部”各自原有领导和隶属不变，“一部”仍是电业管理总局直接领导，校长刘庆宇，调整为梁寒冰。师生们安置在天津市徽州道的天津工业学校总部，1952 年春，搬到了天津市马场道的马场。这里原来是英租界建设的一个马场，有一个 1925 年建成的用于工业展览的闲置会场可以使用。即使这样，宿舍还是不够，有一些学生被安排租住到了天津市解放路的大仓库之中。[①] 教室、宿舍解决了，师资和课程问题又出现了新难题：

> 到了该上专业课的时候，也没有条件，因为那是一个泛泛的工业学校，就是老的电机系、机械系的这些课，没有咱们电力所需要的像现在这样的继电保护、发电、热能、动力等这些课程。这时候怎么办？学生也不安心，开始有意见，从部里一直惊动了部长。[②]

师资和课程问题是这所专业学校的核心问题，如果不能得到妥善解决，根本无法培养电力行业所需的专业人才，由此，这个问题引起时任中央燃料工业部副部长和党组副书记刘澜波、电业管理总局人事处处长郭有邻等人的高度重视，他们在 1952 年到天津市进行多次考察之后，认为天津工业学校的现有条件无法满足学校师资和课程需求。

二　回京：北京电气工业学校

经过多方讨论，经中央燃料工业部批准，1952 年 6 月，电业管理总局决定在北京海淀区西直门外择地建校，最终在该地北下关的广通寺旁购地成功。地点的确定，便利了办学所需的客观条件的解决，如教室、宿舍等

① 朱常宝主编《华北电力大学校史（1958—2008）》，中国电力出版社，2008，第 2 页。

② 《孟昭朋口述》，见华北电力大学档案馆《口述》第一辑，2021，第 141 页。

基本硬件设施；还便利了利用北京地区的专业师资力量。同时，电业管理总局将学校名称改为北京电气工业学校。至此，这所学校有了名副其实的名字，也意味着它彻底摆脱了一些职工学校旋起旋灭的可能。

1952 年 8 月学校师生回迁到北京，同时在 9 月招收新生 558 名。至此在校生总人数达 964 人。专业设置为火电、水电两大类别，然后又划分出 13 个专业。558 名新生中，有准备未来设立的水电学校新生 338 名。[①] 1952 年 9 月 23 日，学校在新校址举行了隆重的开学典礼。[②]

建校伊始，困难重重。校园身处郊外，为了到达新校址现场，师生们需要从城里坐电车到西直门，下了车以后出西直门再向西北走，走过大片的农田，还有寥落的村庄、零星的寺庙，快到学校时，还要走过一片阴森的坟地，才能到新校址。据相关资料记载，当时新校园甚至可能占用过部分光绪年间东阁大学士、文渊阁大学士崇礼的墓地。这处百亩墓地分南北两部分，其中，南院葬有崇礼及其原配夫人、继配夫人三人和其继子桐昌夫妇二人。墓地旁还有阳宅、家庙两部分。在当时历史条件下，为了满足办学实际需要，学校占用了墓地南院。已家道中落的崇礼后人将崇礼殉葬品变卖后，在北京福田公墓购置墓穴迁入，挪出了这个南院。[③]

在荒凉偏僻的校园里开展建设，还遇到一个时间紧张的问题。为实现本学期入学、本学期使用校舍的基本目标，学校开始了紧张的施工建设。建校的资金和物资相对充裕，但是人手不足、工期太紧。到了后期，为了赶进度、抢工期，学校从 1952 年 11 月起，动员了大量师生加入，开始群众性建校：

> 师生们在一片荒坟野地上，披荆斩棘，夷平沟壑，挖土槽、运砖石，配合承建部门，进行了艰苦的创建校园的劳动。师生们搭起临时

---

① 孟昭朋：《华北电力学院院史》，华北电力学院，1988，第 13 页。

② 朱常宝主编《华北电力大学校史（1958—2008）》，中国电力出版社，2008，第 2 页。

③ 陈乐人：《北京档案史料》2007 年第 3 期，新华出版社，2007，第 306 页；王芸、时山林、任志、梅佳：《北京档案史料》2002 年第 3 期，新华出版社，2002，第 295 页。

> 帐棚二十余幢，作为宿舍。上课、实习、吃饭均在露天。时值寒风凛冽、雪花飘扬，条件极其艰苦，然而全体师生员工精神乐观，斗志昂扬，团结奋战，终在当年十二月第一座教学楼提早竣工并交付使用。[①]

新建成的教学楼是一座二层楼，此楼不大，在当时却承载了学校师生的希望。建校期间，为了缓解在校学生众多的现实压力，也为了落实教学实习的实践环节，学校在1952年暑假到下半年，派出了大批学生到京外实习。有的实习小分队去了电厂，这些电厂包括太原第一发电厂和太原第二发电厂、河南焦作发电厂以及山西绛县发电厂等。在电厂的时间里，学生们因为与工人们一起工作，同吃同住同劳动，不仅边干边学收获不少，还最近距离地感受到国家的经济社会发展。他们对工作的新鲜事印象深刻，如在太原第二发电厂，学生们曾和工人们一起，设法维修抗日战争时期日本人藏起来的发电机组。大家找到山洞中的这台500千瓦机组，学习刮干净汽轮机叶片，找好转子的动平衡，还参加了72小时的试运行。[②]

> 在那里建校是1952年的暑假，就是我们下去实习的时候，就开始建校。等我们回来的时候，基本上就是盖的有宿舍楼，有一个办公楼，教学楼还没盖好。上课就在院里上，拿席棚子一围，那就是个教室，就在那儿上课。后来教室很快就盖起来了，那个教室现在已经拆掉了，是二层的一个教学楼。[③]

条件虽然艰苦，但在新中国的新行业、新学校里面，大家充满希望，心态还是乐观、积极向上的。不过，由于频繁搬迁，以及参加各种活动比较多等原因，学生在专业学习上受到了一定影响。学生回忆："在校时只

① 孟昭朋：《华北电力学院院史》，华北电力学院，1988，第13页。

② 孟昭朋口述，丁清整理《无悔地与华电一同成长》，转引自华北电力大学党委宣传部《华电记忆》第三辑，2016，第7页。

③ 《李孝曾口述》，见华北电力大学档案馆《口述》第二辑，2022，第67页。

是学了一些物理、数学、制图等课程，力学只学了一些理论力学的前半部分。”[①] 在当时条件下，辗转多地办学能取得这样的成绩来之不易，离不开中央燃料工业部及电业管理总局的积极努力和支持。在师资和管理人员方面，电业管理总局把 1952 年国家统一分配到总局的大学生派到学校，还从电力生产部门抽调一些工程师到学校，以此为骨干形成了基本能满足教学需要的教师队伍。除此之外，从学生中选拔优秀者也是一个方法。据 1950 级学生，后来成为学校管理人员、副院长的孙国柱回忆：

> 从学生中间抽调了 40 多名高中以上学历的人，一部分直接开赴生产第一线，一部分留校充实师资队伍，年龄小的学生才继续上课，我就是那时候开始留校工作，才刚刚 17 岁。[②]

学校的师资力量，也积极支持了电业管理总局工作，在有限条件下，积极开展了夜校培训，通过专修班、进修班等形式，培训了一批电力工业的干部职工，提升了他们的专业能力。从 1953 年 3 月起，北京电力学校先后在北京供电局、石景山电厂等单位举办中专夜校。

1955 年根据上级指示精神，北京电力学校在暑假里筹办业余技术夜校，在北京地区招收了电业在职职工，开展科学技术和专业教学。1955 年 10 月，已成立三个夜校分部，分别在电力工业部、北京电业局、石景山发电厂三个地点。这三个夜校分部招收的学员是具有初中文化或相当于初中文化程度的青年职工，他们在业余时间每周学习 12 小时左右的课程，5 年之后修满相当于中等技术学校的各科主要课程，就可以被认定为达到中等专业学校毕业生水平。为了鼓励夜校的发展，1955 年 9 月 15 日，电力工业部部长刘澜波与部里的领导干部，以及华北电业局、北京电业局负责人，一起参加了北京电力学校石景山发电厂夜校分部的开学典礼。刘澜波

① 华北电力大学党委宣传部：《华电记忆》第四辑，2017，第 14 页。

② 孙国柱口述，丁清整理《走进昨天的故事》，见华北电力大学党委宣传部《华电记忆》第二辑，2015，第 1 页。

在会上勉励大家积极学习和掌握科学技术，以建设伟大的社会主义祖国；同时鼓励负责的同志办好夜校，推广夜校的经验到全国各电厂、电业局。北京电力学校石景山夜校的1955届学生，有120多名学员。北京市劳动模范潘燕生名声很响，还参加过全国青年社会主义建设积极分子大会，这次也考上了夜校参加学习。北京电力学校特别支持石景山发电厂的夜校教学，抽调了政治业务能力过硬的教师来支持，北京电力学校校长刘庆宇还亲自担任了石景山发电厂夜校分部的校长一职。①

1956年3月，北京电力学校又将培训扩大到天津、河北、山东、山西、内蒙古等共13处，有30个班，学员有1553人。这些努力为各厂局领导参加的干部专修班，以及1957年之后开展的函授教育，打下了基础。这些业务教育和行业培训，帮助国家和行业解决了电力初级、中级技术人才的部分需求。②

三　首届毕业生

按照学制规定，到1953年8月，1950级学生成为第一届毕业生。由于之前已经有一些学生在学业中途被抽调去支援电力工业建设或学校管理工作，这一届只有159人毕业。③ 这批人是1949年新中国成立之后，北京乃至全国的专门电力学校培养出的第一批中等电力专业人才。其中，有3名学生被选拔前往苏联留学，进一步深造。④

为庆祝大家毕业，学校组织了隆重的毕业典礼，中央燃料工业部人事司领导及电业管理总局局长程明升专程到会祝贺。根据当时毕业生就业工作安排，政务院1952年已经规定，要集中使用、重点配备，首先满足国家基本建设的需要，其次是加强教学、科研。根据这一方针，学校组织分配

---

① 高等教育部中等专业教育通讯编辑委员会：《中等专业教育通讯》1955年第10期。

② 朱常宝主编《华北电力大学校史（1958—2008）》，中国电力出版社，2008，第2页。

③ 黄鹏良主编《中华人民共和国电力工业史（北京卷）》，中国电力出版社，2004，第381页。

④ 北京普通中等专业教育志编纂委员会编《北京普通中等专业教育志稿》，中国连环画出版社，2001，第34页。

这一届毕业生至设计院、电厂、基建部门等不同岗位，少部分人留在了学校，以充实师资和管理力量，保障学校后续发展。如1953年刚刚入了党的首届学生孟昭朋，就被留在了学校。其实他毕业之际特别渴望到国家建设一线，响应学校“服从分配，到祖国最艰苦的地方去”的号召，投身到第一个五年计划中去。但是学校一位书记找到了他，严肃地向他宣布：“学校已经决定让你留下了。你刚入党，要服从组织决定，好好工作吧！”从那时起，他开始在学校金工力学教研室承担了机、炉、电三个专业五个班级（炉407、炉408、机407、电313、电314）全部工程力学作业的批改，以及化304、机407两个班的班主任工作。①

1953年是变化不断、发展不停的一年。校园建设在加速，设施更为完备，操场也建起来了。但根据电业管理总局通知，当年8月，学校划分出水电专业的师生，在北京东郊成立了北京水力发电学校。

1953年5月，北京电气工业学校更名为北京电力工业学校，学制改为4年，此时在校生已达到17个班881人。1953年10月，学校再次更名为北京电力学校，更名的主要原因是中央燃料工业部需要统一全国电力类中等专业学校的名称。1954年，学校专业调整为锅炉装置、汽机装置、电力系统继电保护与自动化、电厂化学四个专业。1955年，学校划归新成立的电力工业部领导。1956年底，北京电力学校已建成教学楼、办公楼、宿舍楼、大饭厅、实习工厂等硬件设施，面积共计2.8万平方米；在校学生1280名，设施和管理均较为完善，高等教育部1956年把它列入全国重点中等专业学校之列。② 同时还建成了设施齐全，有着400米标准跑道的运动场。1955年全国电力系统职工运动会在这个场地举行，周恩来曾在这里为获奖运动员颁奖。③ 1955年10月，在这个运动场还举行了北京市第一届

---

① 孟昭朋口述，丁清整理《无悔地与华电一同成长》，转引自华北电力大学党委宣传部《华电记忆》第三辑，2016，第1页。

② 黄鹏良主编《中华人民共和国电力工业史（北京卷）》，中国电力出版社，2004，第381页。

③ 朱常宝主编《华北电力大学校史（1958—2008）》，中国电力出版社，2008，第3页。

中等专业学校运动会，20所中专学校的525名学生同场竞技。[①]

逐渐发展起来的北京电力学校，已成为师生们的温暖家园。教师曾闻问之子，后为华北电力学院教工、研究生、教师的张一工1965年出生在此。在他幼年印象中，校园距离北京动物园、北京展览馆不远，晚上在家里平房门口，甚至能看到北京展览馆尖顶上的红星。这里已经建设了起来，进城也已经有了公共汽车。

这所学校继续迎来了一批批新生。这些学生之中，有著名政治人物张治中的小儿子张一纯。张一纯出生于南京，1950年在北京双桥机耕学校开拖拉机，三年之后就读于北京电力学校，他毕业时还加入了中国共产党，后来在北京电力科学研究院工作，1983年任北京市对台工作办公室主任，1986年任北京市政协常委、副秘书长兼港澳台侨委会主任。[②]

综观这所电力专业学校的创建过程，有三个问题值得注意。

一是政府（或政府部门）对电力专业教育的重要推动作用。在当时条件下，如果没有政府部门的直接推动，学校很难办起来。电业管理总局职工学校创建伊始，便显示了新中国专科教育或中高等教育发展的基本特点，即政府的强力主导和推动。政府不但主导了学校创建，还规定了学校的管理模式和办学模式。与此同时，对应的行业主管部门成为专业学校的直接管理者。这一现象既有别于大多数西方国家通行的高等教育模式，也有别于民国时期的高等教育模式。

二是这所学校办校过程十分仓促。在师资、校舍、实验设备、图书等条件都不具备的情况下，电业管理总局就办起了这所学校。由于学校的基本生活条件和教学设施都难以得到有效保障，教学效果自然会打一定的折扣，尤其是两三年的短时间中，学校办学地点不得不在北京、天津之间来回搬迁。不过，以当时情况而论，这些状况又是可以理解的，因为不如此不足以迅速培养所需人才。这是新中国初期的特点。

---

① 《中国教育年鉴》编辑部编《中国教育年鉴（地方教育）1949—1984》，湖南教育出版社，1986，第17页。

② 王萍编著《国民党高级将领的子女们》，台海出版社，2009，第243页。

三是国家、行业对人才的急需，是推动办校的直接动力。新生的中华人民共和国，在发展中不得不面对艰难的局面；不得不考虑中国的教育现实，在全国4.5亿人口之中，文盲竟然占到了80%之多。在这样的情况下，国家的建设迫切需要大量人才，作为国民经济基础产业的电力工业也出现了人才奇缺的现状，为适应国家经济建设和电力工业发展的需要，抓紧创办中等专业学校并迅速培养中高等专业技术人才，无疑是迫切的也是正确的选择。

第二章 “一五”计划时期的北京电力学校（1953—1958）

到1952年，经过整顿和发展，全国电力生产得到改变和发展，发电装机容量有了提升，从185万kW增加到196万kW。发电量提高得更多，从43亿kW·h增加到73亿kW·h。其中，东北、华北、华东三个地区发电设备利用小时数，年平均小时数由2170小时提升到4300—4540小时。其他方面，发电的煤耗、线损率等都有明显降低，生产管理的合理化、规范化制度得到加强。[①] 但是从整体上看，国家仍处于贫穷落后中。

实施第一个五年计划，就是要去改变这种贫穷落后的状况。那时候人们的梦想，就是投入第一个五年计划，为社会主义建设做贡献：

> 那时候心情非常激动，因为五三年的时候，是咱们第一个五年计划的开始，感觉到我们能参加我们祖国建设的第一个五年计划，心情非常好！我们要到祖国最需要的地方去，最困难的地方去，锻炼我们自己。[②]

政府、行业、学府之间的互动，既是高校发展的动力，也在某种程度上制约着高校的发展。“一五”时期，经济建设和现代化的迅速发展，国家和中央行业部门的支持，使得包括北京电力学校在内的学府获得长足的

① 濮洪九等主编《中国电力与煤炭》，煤炭工业出版社，2004，第28页。

② 彭森口述，华北电力大学档案馆音频资料，笔者本人整理。彭森口述，华北电力大学档案馆：《口述》第一辑，2021，第223页。

发展，但中国是比较贫穷落后的国家这一条件，又会制约学校的发展。本章将展开“一五”时期该校发展的探讨。

始终与国家电力事业发展相伴随，以培养电力系统职工和专业人才为使命的北京电力工业学校，也在“一五”计划期间迎来新的发展期。在学校硬件设施不断改进、师资配备逐步齐全、课程设置日趋完善的基础上，学校更加聚焦电力行业特色，在苏联相关专家指导和援助下，学制年限、专业设置、教学计划等诸多方面做了调整，留下了调整自己、学习苏联的鲜明时代印记。

第一节 行业发展和苏联模式的双重影响

经过国民经济恢复期的三年发展，国家的经济已经得到根本好转，工业生产也超过了历史最高水平。但就中国整体来说依然是一个落后农业国。对于中国工业水平和基础的薄弱，毛泽东在 1954 年 6 月感慨道：“现在我们能造什么？能造桌子椅子，能造茶碗茶壶，能种粮食，还能磨成面粉，还能造纸，但是，一辆汽车、一架飞机、一辆坦克、一辆拖拉机都不能造。”[①] 周恩来也谈到要建设重工业，否则无法实现工业化：“重工业是我们国家工业化的基础。没有重工业，就不能供给工业需要的各种器材、机器、电力等东西。”[②]

一 电力行业与教育是“一五”计划重头戏

1953 年起，中国仿效苏联，实施第一个五年计划（1953—1957）。这个计划与国民经济的迅速恢复和发展息息相关，非常重要。这个计划的拟定也做了认真的准备，从 1951 年春开始准备，历经五次修订而成。1955 年 7 月经第一届全国人民代表大会第二次会议审议通过，其中有一项关键

① 全国人大常委会办公厅、中共中央文献研究室编《人民代表大会制度重要文献选编》（一），中国民主法制出版社，2015，第 185 页。

② 金冲及主编《周恩来传》第 3 册，中央文献出版社，2011，第971 页。

内容："集中主要力量进行以苏联帮助我国设计的156个建设单位为中心的、由限额以上的694个建设单位组成的工业建设，建立我国的社会主义工业化的初步基础。"① 即以重工业为核心，加速实现工业化。

计划提及了必须建立电力工业在内的强大的重工业，才能够显著提高生产技术和生产率，保证人民生活水平的不断提高。电力工业共有限额以上建设单位107个，占总建设单位的15%以上，同期煤矿工业有194个、石油工业有13个限额以上建设单位。②

这个时期是中国计划经济基本形成的阶段，计划经济体制和政策也直接影响到高等教育。一方面，计划经济体制加快了高等教育发展；另一方面，在学习苏联热潮和计划经济体制双重影响下，很大程度上改变了高等教育模式，即通才教育改为专门教育或专科教育。中专办学层次虽逊于大学，但在当时远高于中学，也受到苏联模式的深刻影响。如北京一地，涉及电力方面的学校，既有北京电力学校，又有北京水利水电学校，一个负责火电人才培养，一个负责水电人才培养，分工明显。

在全国整个人才培养方面，第一个五年计划提出了两个100万人的人才培养宏大设想："五年内，国民经济各部门和国家机关需要补充的各类高等和中等学校毕业的专门人才共约100万人；同时，中央工业、运输、农业、林业等部门需要补充的熟练工人约为100万人。"为此国家要在五年内调整、扩大和开办各类高等、中等专业学校，培养建设人才，提高在职干部水平。"五年内，高等教育以发展高等工科学校和综合大学的理科为重点"；"中等专业教育的重点是培养工业的技术干部和管理干部"。③

在这个阶段，电力工业以建设火力发电厂和热电厂为主，同时利用已有的资源条件进行水力发电站的建设。火电方面，依靠苏联援建中国的156项工程协议的帮助，在阜新、抚顺等地开始建设了一批骨干电厂。

---

① 《二十世纪中国实录》编委会编《二十世纪中国实录》（四），光明日报出版社，1997，第4020页。

② 高德步：《中国经济简史》，首都经济贸易大学出版社，2013，第281页。

③ 刘海藩主编《中华人民共和国国史全鉴（教育卷）》，中共中央文献出版社，2004，第55页。

1953年，在西安市灞桥投产了苏联供货的第一台6000kW机组。与此同时，全国还建成了10个不同电压等级的高压电力网。[①]

火电行业快速发展，需要快速培养相关人才。1951—1953年院系调整中，成立了两个以培养水利水电人才为主的华东水利学院、武汉水利学院，电力高等教育开始起步。同期，为解决火电人才培养需求，1952年中南动力学院曾在武汉建立，但1953年中南动力学院与华中工学院合并。1956年西安动力学院曾建立，但在1957年这所学院又被撤销了。专门培养火电人才的专门学院，有所缺失。这一时期，包括北京电力学校在内的一些新建电力学校发挥了一定作用。直到1958年北京电力学院成立了，才补上了火电高等教育这一个短板。

二 苏联教育模式成为学习样板

第一个五年计划也是我国全面学习苏联的时期。1953年起，高等学校学习苏联全面推开，以学习苏联先进经验与中国实际相结合的方针，作为教学改革的方向。1953年，高等教育部召开全国高等工业院校行政会议，会议认为，苏联经验的先进性表现在诸多方面，从宏观的教育方针、教育制度、教育培养目标、具体专业设置，到具体的教育教学计划、科目教学大纲、所用教材教法等方面，均体现了一个先进的完整体系。这些认识不只是对苏联高等教育的充分肯定，更是时人视苏联教育为社会主义教育典范的表现。

在学习苏联过程中，调整专业设置是仿照苏联高等教育改造中国高等教育的关键性举措。1949年以前，中国高等教育基本格局是公立大学、私立大学、教会大学，在教育方式、专业设置、课程设置、教育科研成果评价体系等方面基本模仿欧美国家，注重基础，施行宽口径培养。对此，苏联专家认为这是不合适的。1950年6月，教育部专职顾问阿尔辛节夫，在参加第一次全国高等教育会议时建议：“中国的大学不应该包罗万象地大

---

① 濮洪九等主编《中国电力与煤炭》，煤炭工业出版社，2004，第29页。

而无当，不应照这种只求其大的方针来扩充，而应该照专门化的方针发展。”1952 年在一次京津高等学校院系调整座谈会上，高等教育部第一位首席顾问、苏联专家福民建议：“苏联改革高等教育的重要内容之一，就是按照国家建设的需要，把原有空泛的专业划分为若干种具体的专业。”他谈到苏联“目前共有四百三十六种专业”，可以作为参考。[①] 在苏联专家的指导下，国家在高等学校普遍设置了具体专业，执行了统一教学计划与大纲等内容。经过调整之后，清华大学的专业设置与莫斯科大学几乎一致，中国人民大学、哈尔滨工业大学这样的重点高校还率先组建了教学研究室（以下简称教研室）。

中国人民大学和哈尔滨工业大学走在了学习苏联经验的前列。1950 年到 1957 年，中国人民大学先后共聘请苏联专家 98 人，帮助改造学校。1951 年到 1957 年，哈尔滨工业大学也先后聘请苏联专家 53 人，把这所创办于 1920 年的普通学校，进行了彻底改造，设立了 19 个专业，全面学习和推广苏联高等教育的经验。1954 年，高等教育部和第一机械工业部指出，哈尔滨工业大学已基本改造为采用苏联教学制度的新型工业大学。时至 1957 年，哈尔滨工业大学规模已经很大，在校生达到 8000 人，教职工 1000 人，建筑面积 22 万平方米。中国人民大学和哈尔滨工业大学成为当时高等学校学习苏联先进经验、改革教学的范例。[②] 苏联经验与模式，究其实质与计划经济类似，是国家计划与高等教育两者相辅相成。学苏联造就了中国此后数十年的高等教育模式，影响至今。

第二节　中等专业教育也向苏联学习

学界、教育界可能更多注意的是 20 世纪 50 年代中国大学向苏联学习，以及苏联模式带给中国高等教育的利与弊，对中等专业学校关注尚不够

---

① 余子侠、刘振宇、张纯：《中俄“苏”教育交流的演变》，山东教育出版社，2010，第 197 页。

② 余立编著《中国高等教育史》（下），华东师范大学出版社，1994，第 46—47 页。

多。其实，当时学习苏联高等教育模式的这种潮流也深深改变了中专教育。苏联的教育模式和经验体现在中国教育中的具体方面有：翻译苏联教育著述及课本用于理论学习和教材使用，邀请苏联专家来到学校担任顾问和教师，仿照苏联模式建立专业学校，派遣留学生前往苏联学习深造，等等。苏联教育经验成为这一时期的基本教育方针，对我国中高等教育产生了深远影响。

一　从学校管理到教育教学的全面学习

从 1953 年开始，北京的中专学校全面学习苏联经验，组织教师与干部认真学习凯洛夫《教育学》及相关苏联教育论著。苏联专家认真指导，国务院文教部顾问马列采夫、高教部中技顾问光拉斯诺杰等苏联专家，曾经到北京多所中专学校检查指导。北京工业学校得到教育部苏联专家库兹明的教学指导，华北第四工业学校建立电真空装备专业时，请苏联专家库尔金作指导。[①]

北京电力学校也邀请苏联专家进行悉心指导。1956 年 9 月，两名苏联专家鲍·瓦·波波夫和叶尔马科夫（有的称他为叶尔莫可夫）来学校担任校长顾问，亲自示范指导力学、电工学的教学工作，并对学校工作提出了 237 条改进意见。为了从根本上促进学校管理的转变，苏联专家开办了学校组织管理工作讲习班，为学校干部、教师讲授了 16 课，传授了一系列完整的苏联中专教育教学内容。这些内容涉及中专学校的校章、计划、教学大纲、教学进程表，以及实验室和教研室建设、生产实习、教学实习、课程设计、毕业设计、课外活动等方面，还包括了学生政治思想教育工作、班主任工作、教师队伍培养、教材建设，等等。[②]

在教材使用和课程教学方面，学校普遍采用苏联翻译教材，不足的教

① 北京普通中等专业教育志编纂委员会编《北京普通中等专业教育志稿》，中国连环画出版社，2001，第 168 页。

② 北京普通中等专业教育志编纂委员会编《北京普通中等专业教育志稿》，中国连环画出版社，2001，第 168 页；董一博：《感谢苏联、感谢苏联专家》，《光明日报》1957 年 11 月 4 日第 3 版。

材则组织教师，在苏联专家的指导下自编。在课程教学中，在苏联专家指导下，学校建立了讲授、讨论、习题、实验、大作业、生产实习、课程设计、毕业设计等一整套互相衔接的教学环节。同时根据大纲的规定，学校为了使学生得到较为完整的专业训练，也认真组织了学生去工地实习。教研室这一苏联教育特色鲜明的组织，也被模仿建立起来，同一门或几门性质相近课程的授课教师组成教研室，形成了教学、科研的基层组织，充分发挥出教师们集体研究与个人积极性相结合的力量。[①]

在完成本校工作的同时，1956 年夏天，学校举办了全国中等技术学校电工与力学教师讲习班，特别邀请鲍·瓦·波波夫、叶尔马科夫两位专家进行示范性讲课，共授课 16 次。[②] 在这次讲习班上，全国各地派来的二十多名电工学教师在接受苏联专家指导的同时，为了加强教学，大家还从参与培训的教师中邀请比较有经验者，分别对“电工学”中的重点和难点部分作了示范性讲解，并编写重点难点的教学法指导书，以及“电工学”实验的实验指导书。参训完毕后，各校老师感觉总体收获不错，还带回了一套“电工学”教学法指导书和实验指导书。工作顺利完成的同时，这个班也增进了北京电力学校在大家心中的印象。

在此次培训之前，高等教育部在北京电力学校举办一次全国制图学习班。北京参加制图课教学的学校，将本校教学活动所用教材、教案、作业、挂图、模型教具等，集中到北京电力学校的教学楼中公开展出。高等教育部邀请了在京的苏联制图课专家进行点评，北京土木建筑工程学校等学校也选派了教师前来学习观摩。这些活动的成功举办，扩大了北京电力学校的影响力。[③]

二 在产生影响的同时也遗留了问题

总体来说，北京电力学校不仅在苏联专家的积极指导下完成了系统改

① 朱常宝主编《华北电力大学校史（1958—2008）》，中国电力出版社，2008，第 3 页。

② 董一博：《感谢苏联、感谢苏联专家》，《光明日报》1957 年 11 月 4 日第 3 版。

③ 北京普通中等专业教育志编纂委员会编《北京普通中等专业教育志稿》，中国连环画出版社，2001，第 168—169 页。

造，还助力了同类别学校和同层次教师的自我提升。横向来看，这个苏联专家帮助、苏联模式输入的过程，在北京之外的电力类高校、中专中也同期开展。如华东水利学院、武汉水利学院的苏联专家，通过集中讲课或讲学，投入了主要精力（80%—85%）于培养师资队伍之上；另外的部分精力（15%—20%）放在了建设教研室，以及推进学院教学改革之中。这两所学校还选派了教师到苏联留学深造，或去国内兄弟院校进修。[①] 逐渐培养了一批学科带头人，带动了一批青年教师的成长，推进了师资队伍水平的迅速提高，满足了新形势下教育教学的需要。

中国的现代大学诞生于清末，其后数十年间，或内战不休，或遭外敌侵略，极大影响了高等教育的发展。即使有着西南联大那样辉煌的成就，但就整体而言，直到1949年，中国的大学及中等专业教育仍数量很少，经验不足，尤其是工科教育更为薄弱。故平心而论，苏联模式和苏联经验，对于中国迅速发展高等教育尤其是工科教育，迅速适应经济建设需求，还是有着极大的助力。

但在学习苏联经验的同时，多方反映在这一学习过程中，也有一些问题存在。如苏联教育模式特别强调集中统一，使得学校、教研室、教师本人的积极主动性受到了较多限制；新的专业调整，专业划分得很细，并不见得有利于复合型人才的培养；教学管理上的严格细化，一定程度上限制了独立思考、创造创新；对于俄语特别重视，但同时弱化或者取消了对英语的学习；等等。1956年，北京工业学校副校长王浚国就曾写信给高等教育部部长杨秀峰，反映存在照抄苏联教学计划、盲目设置课程的现象。1956年出版的《中等专业教育通讯》，刊载了北京等地中专学校领导干部的撰文，认为在学习苏联时，出现过脱离中国实际，生搬硬套、盲目设置专业及专业教学内容的情况，这样的做法脱离中国教师和学生的现实水平。[②]

---

① 龚洵洁、胥青山编著《中国电力高等教育》，武汉大学出版社，2004，第18—19页。

② 北京普通中等专业教育志编纂委员会编《北京普通中等专业教育志稿》，中国连环画出版社，2001，第169页。

对于存在的问题，教师和学校管理者很多考虑的是要在自我学习、实施改造过程中，通过调整自我的认识和态度来解决问题。大家并未公开挑战苏联教育模式中根本上或可能存在的一些固有问题。当然，实际一线教育教学中遇到的问题多，质疑的声音是有的。1958 年曾在北京水利水电学院水工系任教的教师顾慰慈，对于严格的苏式教育，包括课堂上必须在 45 分钟时讲到某章节，包括要事先预想好对学生的提问等，认为这种教学方式过于模式化、教条化，可以用在中专教课，但不大适合大学课堂。①

第三节　教师和学生在新环境之中成长

随着北京电力学校规模和学生数量的不断扩大，专业教师的数量和质量已难以满足当时学校教育快速发展的需要，急需补充新的师资力量。在当时的中专、高校中，基本是通过外部引入和内部培养两种方式来解决教学人员缺乏、管理人员不足的问题。

一　对教师进行系统培训

无论大学教师还是中专教师，都有初上岗的适应和继续提高的问题，因此培训显得很重要，尤其是在 20 世纪 50 年代初中国办学经验还不足的情况下。进一步而言，大学、中专都需要合格师资，那时中国研究生教育还没有展开，中专师资主要是大学毕业生，有些甚至还不是大学毕业生，这就使培训更为重要。北京电力学校的师资，大体分为内部培养和外部调入两部分，学校尽可能安排这些教师参加培训，以及进一步的提高。

在内部培养上，第一批师资力量来自 1950 年入校、1953 年毕业的第一批学生。如孟昭朋、李孝曾等人毕业之后，被学校吸收为教学和管理力量，同时被学校组织参加各种各类培训。孟昭朋回忆自己很幸运，得以入职之初，就参加中央燃料工业部电业总局举办的师资班学习，他感到在这

① 《写实顾慰慈先生》，见华北电力大学党委宣传部《华电记忆》第一辑，2013，第 76 页。

里对参训学员很重视，师资上特别聘请了北方交大、清华、矿业学院等学校的教师，这些教师认真帮助大家系统学习了工程力学、高等数学等课程。同时孟昭朋也感到，他自己接触了党务和群团工作，全面了解了教学管理，受到了锻炼，这为他后来的发展扎牢了根基。[①]

李孝曾回忆，毕业以后他与孟昭朋一起分配到了力学教研室，相关工作已比较正规，理论力学、材料力学、机电原理和机械零件、金属学等教学和研究都在教研室里开展，教研室有五六个人。由于他和孟昭朋实际上对力学所学甚少，只在天津工业学校的时候学了一点儿力学知识，根本就教不了课。1954 年初，由于当时类似的情况很多，许多新学校的师资力量不足，中央燃料工业部就办了几期师资培训班。其中，在北京电力学校就办了力学师资训练班、金工师资训练班这两个，后来又办了一个制图师资训练班。自己和孟昭朋等人参加的是中央燃料工业部工程力学师资训练班。在这里，他们从教师宿舍搬到学生宿舍，又当了学生，扎扎实实学习了一年半，为了学习，大家春节也只休息了几天。一年半的学习，大家收获很大，系统学习了机械类基础课，能够在北京电力学院开始教课了。[②]

从外校加入北京电力学校的教师们，也同样经历了学习过程。1952 年毕业于贵州大学数理系的曾闻问[③]，在短暂工作于大同煤矿学校之后，1954 年调动到了北京电力学校，并作为这里数学教学的主力。在日常工作中，每周都有两次下午的学习，其中一个下午是政治学习，另一个下午是教学方面的学习，最初入校学习内容是苏联教育家凯洛夫的《教育学》。大家不仅参加学校内部组织的培训，还参加在其他学校组织的师资培训。北京电力学校的各项工作，在曾闻问看来，“一切工作都比较上轨道”，印

① 孟昭朋口述，丁清整理《无悔地与华电一同成长》，转引自华北电力大学党委宣传部《华电记忆》第三辑，2016，第 2 页。

② 《李孝曾口述》，见华北电力大学档案馆《口述》第二辑，2022，第 67—68 页。

③ 曾闻问，1930 年生人，女，湖南长沙人。1952 年毕业于贵州大学数理系。1954 年调入北京电力学校工作。1958 年北京电力学院成立后转入大学任教。1981 年至 1983 年作为访问学者前往美国西东大学（Seton Hall University）进行函数论方面的研究工作。1983 年至 1990 年担任华北电力学院副院长，主管教学工作。1995 年退休。

象不错。苏联专家到校指导之后，大家从苏联专家处学习到了很多内容：

> 后来不久就有苏联专家到电力学校，开头的一个我忘了他叫什么名字，第二个叫波波夫。他每个星期都给教师讲教案怎么写等，非常细致。我记得那时候他告诉我们，上课有几个环节，上来以后怎么样，开头10分钟要问学生问题，学生回答后当时就应该给分，苏联就是那么干的，按五分制，当时就得评论这个学生究竟答得怎么样，应该是给几分；10分钟以后你就要怎么复习上一次课讲的内容，然后根据这一堂课的内容分配时间。那时候虽然他讲得好像很刻板，但我觉得确实对组织教学是一个基本功的训练。我觉得我们那一批人，当时在讲课上都能够过这一关，讲得还比较可以吧，学生比较欢迎，我觉得和这个还是有一定的关系的。①

对于苏联专家的细致指导，后来成为学院院长的陈彭也记忆犹新。据他回忆，那时的教课要求从开场白到每一节的中心、重点和总结的流程，都要控制在课时内完成，苏联专家还要求大家全部脱稿授课。为此，陈彭常常关起门来，一次次看着钟表来试讲。对于大家仪容仪表，苏联专家要求也很严格，明确告诉大家，衣服要干净整洁，试讲要能够通过，否则都不能登上讲台。②

二　成长中的学生

相比于教师和管理人员而言，学生的学习生活和毕业有所不同。大家的学习用功，爱国热情高涨，很多人受到“共产主义就是苏维埃加全国电气化”的影响，对献身电力行业充满热情。苏联教育模式改造下的中专教育，学习任务和要求增加了不少，令同学们充满了新鲜感。不过，有的同

---

① 《曾闻问口述》，见华北电力大学档案馆《口述》第一辑，2021，第239页。

② 丁清：《平和人生路》，转引自华北电力大学党委宣传部《华电记忆》第二辑，2015，第19页。

学也遇到了困难、挫折。1954 年 6 月 15 日的学校校刊，报道了机 104 班曹关桐同学的事迹，这名同学一度由于专业适应、专业认识问题，情绪低落到了给学校和中央办公厅写信的程度，强烈要求转学。但是，后来经过师生们的帮助和动员，曹关桐的状态调整过来了，后来成为学生模范。①

实习是学习的重要环节，学校十分重视落实。1954 年，高之樑等教师带着 100 多名学生到河北张家口的下花园电厂实习，自带帐篷在电厂旁鸡鸣山空地上住宿，生活艰苦，但大家情绪饱满。实习结束与电厂分别之时，大家还在电厂礼堂为电厂工人及家属表演了节目。女生们表演的采茶扑蝶舞，以枕巾为服装道具，以贴上彩纸的安全帽为茶篮，表演得十分精彩，获得了台下经久不息的掌声。第二年 200 多名学生在教师的带领下，又到了山西太原电厂参加了安装实习，大家带来了在下花园电厂使用过的帐篷，继续住宿使用。天气炎热，师生们所住宿帐篷里的蜡烛都能化掉，为了中午能休息，大家轮流在帐篷上泼水以降温。这次参加实习的人员众多，有的同学觉得实习参与不够，感到收获不大，情绪有所下降；也有很多同学感到，自己深入钻研做得还很不够，还需要继续努力学习。②

毕业生就业之时，由政府分配工作，不需要自己四处求职。那时的同学们饱含爱国爱党、报效祖国之心，尊崇的是“螺丝钉的精神”，党把自己拧在哪里，自己就要在哪里发光发热，“我们没有什么人生规划，基本上不是你想干什么就干什么，而是中共中央需要你干什么你就去干什么！没有二话”。③ 一批批的毕业生涌向了祖国各地的电力行业，成长为当地骨干。

1956 年毕业季，教师孙国柱负责的班级里，分到了一个前往新疆工作的名额，同学们闻讯后，全班一半以上同学找了孙国柱，都想争取这个名额。有的同学甚至从早到晚，包括孙国柱回家吃饭时，都缠着他。当时的新疆，条件十分艰苦，但是毕业生们视去那里为光荣。最后孙国柱都发火

---

① 朱常宝主编《华北电力大学校史（1958—2008）》，中国电力出版社，2008，第 3 页。

② 高之樑口述，华北电力大学档案馆音频资料，笔者整理。

③ 华北电力大学党委宣传部：《华电记忆》第四辑，2017，第 20 页。

了，拍了桌子，把名额给了班长孙祥荣。孙祥荣是上海人，他当即表示："我一定不辜负母校对我的栽培，党让我到哪儿去，我就到哪儿去，绝对好好干，干出模样来。"① 在新疆苇湖梁发电厂，孙祥荣苦心钻研锅炉技术，被众人称为"锅炉技术的活词典"，参与许多重大项目的技术改造工作，严于律己，深受大家爱戴。② 他曾担任副厂长，并在1989年9月被评为全国劳动模范。③

毕业生的就业，也受到政治因素的影响。出生于普通家庭，后来成为某品牌化妆品发明人的武宝信，就遇到这样的情况。武宝信祖籍河北束鹿（今河北辛集市），出生在东北，成长于北京，因为家里人口多、生活困难，初中毕业后他考入了可以免费就读的北京电力学校。在学校里一开始他的表现良好，加入了中国共青团。在1957年"反右倾"运动中的一次批判会上，武宝信对自己尊敬的一位教授热工学的教师公开表示了同情，还在这位教师被迫离校的前一天，到这位教师宿舍里向老师深深鞠了一躬，因此武宝信被认定立场上有问题。毕业之后，武宝信被分配到了遥远的大西北，去做了环境保护和劳动保护工作。④

三　电力行业和电力教育在非常时期的发展

这一时期的反右运动，使社会各行各业都停滞起来，但电力行业受到了格外的关注。1958年9月5日、8日的第十五次最高国务会议上，毛泽东生动地比喻了几个主要部门在国家建设发展中的地位："所以一为粮，二为钢，加上机器，叫三大元帅。三大元帅升帐，就有胜利的希望。还有两个先行官，一个是铁路，一个是电力。"⑤ 毛泽东将电力视为"先行

① 孙国柱口述，华北电力大学档案馆音频，笔者整理。《孙国柱口述》，见华北电力大学档案馆《口述》第一辑，2021，第75—76页。

② 肖振邦主编《中华群英录：1979—1990》，中国大百科全书出版社，1991，第669页。

③ 邵强主编《情弥天山——新疆人民广播电台获奖作品集》，新疆人民出版社，1990，第265—266页。

④ 纪一：《非权力影响力——写给领导者和企业家》，春秋出版社，1989，第148页。

⑤ 《建国以来毛泽东文稿 1958.1—1958.12》，军事科学出版社、中央文献出版社，1992，第389页。

官”，是期待电力应当提前发展、重点做好准备，以适应生产生活的需要。1958 年 2 月，水利部与电力工业部也实现了合并，新成立了水利电力部，以适应国家经济的快速发展和对能源电力的旺盛需求。

毛泽东对电力工业的第二个五年计划曾有专门的批示。在 1958 年 4 月 25 日“对电力工业的第二个五年计划的批语”中，毛泽东赞赏了电力工业的这个计划，并希望其他部门向之学习。“此件写得很好。有了正确的政治观点，从政治上想通了，政治统率了业务，迷信破除，胸怀坦荡，势如破竹了。除了已经写了较好报告的几个部以外，希望各部仿照几个好的报告写一个或长或短的报告给我和政治局各同志。”这个“此件”的内容主要包括：电力工业要加快发展速度；促进全国电气化，发挥各地积极性；全民办电，放手发动群众；水电火电比重，电力网建设，设备与投资；等等。①

在中国共产党八大二次会议上，正式提出了“鼓足干劲、力争上游、多快好省地建设社会主义”的总路线。会上国家计划委员会也提出了一个电力工业的大国的努力方向，可以看到国家对电力工业的重视。

与电力工业一样，教育系统也开启了从 1958 年延续至 1960 年的一场教育大变革。1958 年，全国教育工作会议召开，中共中央、国务院颁布《关于教育工作的指示》，提出希望十五年内，基本做到有条件的和自愿的全国青年、成年，都能够受到高等教育。电力人才的“跃进”需求，促进了电力教育的发展。如 1958 年 8 月 19 日，吉林电力学校升级为吉林电力学院；1958 年 9 月 22 日，北京电力学校升级为北京电力学院；1958 年 10 月 6 日，三个学校合并成立北京水利水电学院；上海电力工业专科学校等 10 所专科学校，也得以成立。而且高等教育部也大力支持，在 1958 年 7 月 22 日将高等教育部直属的华东水利学院、武汉水利学院转由水利电力部

---

① 《建国以来毛泽东文稿 1958.1—1958.12》，军事科学出版社、中央文献出版社，1992，第 187 页。

管理。1958 年 12 月 15 日，武汉水利学院被批准改名武汉水利电力学院。[①]电力教育增设了新专业，如 1958 年 5 月，华东水利学院成立农田水利系并增设水土改良专业。各个电力院校提出了举办“万人大学”“广设分校”的规划，有的还设想建成大、中、小学及幼儿园“一条龙”式的体系。电力高校的办学规模得到高速发展，据统计，电力高校 1957 年在校生人数为 5019 人，1959 年增至 8958 人，增长 78.5%；1960 年达到 11009 人，比 1957 年增长 119.3%。[②]

综观这一时期我国高教的发展变迁，有以下两个问题值得注意。

一是新中国成立以后的近十年，苏联教育对我国的教育影响堪称最大。1949 年之后，我国确立了向苏联学习的“一边倒”方针。凯洛夫教育学体系得到了普遍的推广学习，凯洛夫教育学强调的是学科中心、课堂中心、教师中心。凯洛夫教育学对基础知识、基本技能的学生掌握程度十分重视，对于系统科学文化知识的学生掌握情况也很强调。这些对于学生基础的稳固有很好的影响，但是与此同时在其教育教学过程也存在过于僵化，较为忽视学生的主体作用发挥和自主自发成长，一定程度上呈现了人才培养模式缺乏创造性、批判性的不足。

二是重视职业教育是这一时期新的突出特点。当时在学习苏联教育的过程中，专门建立了较为成熟的职业技术教育体系。遗憾的是，1966 年之后的一段时期，各类技校和中等专业学校基本被废除，只留下普通中学，造成了对我国职业技术教育的毁灭性破坏。到了改革开放初期，虽然全国的教育秩序全面恢复，但是职业技术教育的重视程度并没有提升。进入 21 世纪，我们越发感到职业技术教育缺失的严重后果，“技工荒”已经直接影响到我国制造业的发展。目前，由于国家和社会的逐渐重视，正在改变职业技术教育逐步衰退的局面。

---

① 中国电力企业联合会编《中国电力工业史（综合卷）》，中国电力出版社，2021，第 196 页。

② 龚洵洁、胥青山编著《中国电力高等教育》，武汉大学出版社，2004，第 35 页。

第三章　升为本科：北京电力学院（1958—1962）

1958 年及之后两年，受“大跃进”影响，全国高等学校的数量有惊人的增长。根据国家统计局官网数字，1949—1957 年的 8 年间全国高校数量始终在 200 所上下徘徊。1957 年全国普通高等学校数是 229 所，但 1958 年迅速增加为 791 所，增长了 3 倍多。然而这并非巅峰，1959 年增长到 841 所，1960 年达到 1289 所。北京电力学校就是在这样的社会历史环境下，提档升级为北京电力学院，由中专变成大学。不过，当时许多升格的大学并不具备条件，所以后来被取消或还原为中专，而北京电力学院虽然发展遭遇了很多困难，但又因具备办学条件和国家需要，所以作为本科一直保留下来。

第一节　改为大学

成立北京电力学院并非没有前兆。北京电力学校原来专业包含水力发电、火力发电，后来又对水力发电相关专业及师资分化整合到北京东郊，成立北京水利水电学校。电力工业部也曾想成立西安动力学院，从包括北京电力学校在内的一些院校抽调了一些人员，进行了努力尝试，但最终合并入了西安交通大学。1958 年，随着电力工业的发展以及庞大新规划的推出，成立一所以火电为主的本科学院，培养大批急需的电力行业中高级人才，就被提上了议事日程并很快付诸实施。

一　行业主管部门推动成立大学

“升本”推动者是水利电力部。1958年，曾担任哈尔滨工业大学校长，时任水利电力部副部长兼华东水利水电学院院长的冯仲云[①]，召集水利电力部技术改进局负责人及各专业室的主任、北京电力学校领导和相关教师举行会议。他在会上谈到，要在北京电力学校的基础上建立一所电力大学，并要求参会人员做好相关专业规划、技术援助和工作指导。[②]

经过准备，1958年9月22日，水利电力部下文：“以北京电力学校为基础，办一所高等学校，定名为‘北京电力学院’，在水利电力部统一领导下，由技术改进局直接领导。”此文件下达的前三天，国务院发布了《关于教育工作的指示》，提出了党的教育方针是“培养一支数以万计的又红又专的工人阶级知识分子队伍”。这一指示为筹建中的北京电力学院，明确了创院宗旨：学院要成为理论与实践相结合的教学、生产、科学研究的联合基地，学院培养的学生要能从事脑力劳动和体力劳动，要有高度的政治觉悟和扎实的科学文化知识，成为社会主义的先进知识分子。[③]

当年9月28日，北京电力学院筹建办公室在北京电力学校成立。筹建办主任、副主任分别由北京电力学校校长董一博、党委书记宫志坚担任。筹建办公室设立了行政基建组和教学生产组，就组织机构、专业设置、教学管理、发展规划等15个方面的问题，拟定了建校方案，并呈报了水利电力部。10月，国务院批准了水利电力部的报告，同意在北京电力学校基础上成立北京电力学院，原有的北京电力学校仍在学院之内，分设为中专

---

① 冯仲云（1908—1968），男，江苏武进人。早年就读于杭州蕙兰中学。1926年就读于清华学校数学系。1927年加入中国共产党，任中共清华大学地下党支部书记。1930年毕业，到哈尔滨商船学校任数学教授。曾任中共江北区委宣传部部长、全满反日总会党组书记、满洲省委秘书长、东北抗日联军第三军政治部主任、北满省委常委兼宣传部部长、东北抗日军教导旅情报科长兼政治教员等。1946年任松江省人民政府主席。1949年5月兼哈尔滨工业大学校长。1952年任北京图书馆馆长。1954年任水利电力部副部长，兼华东水利学院院长。他为北京电力学校和北京电力学院的发展，作了重要的指导和帮助。

② 《纪念张贻琛先生》，见华北电力大学党委宣传部《华电记忆》第一辑，2013，第25页。

③ 孟昭朋：《华北电力学院院史》，华北电力学院，1988，第14页。

部。10月4日，北京电力学院举行了第一届学生的开学典礼。10月16日，学院正式上课。11月27日，水利电力部发文，为北京电力学院颁发校印一枚："我部根据国家水利电力事业发展需要，决定以北京电力学校为基础办成一所高等学校。其名称定为北京电力学院。学院在部统一领导下，交由技术改进局领导。兹颁发院印一颗即日启用。原北京电力学校名称撤销，校印作废。"[①]

新成立的北京电力学院的行政部门有三处一室——教导处、总务处、生产处和学院办公室，教学部门成立了三个系科——电力、动力、电厂化学，一体负责大学和中专的教学领导和组织管理。大学本科学制为五年，设置四个专业：电机电器制造专业、发电厂电力网及电力系统专业、热能动力装置专业、电厂化学专业。在建院之初，学院大学、中专共有教职工296人，其中，教师80人；学生本科有五个班221人，大学预科有219人。首届学生由北京电力学校的中专三年级转入北京电力学院四个班，又招收应届高中生一个班，共同组成。预科班来自北京电力学校的中专一、二年级专业对口的班级学生，这些学生经半年或两年的预科班学习，合格者即可升入北京电力学院学习。[②]

学院成立之后的各项工作进展比较顺利，并得到水利电力部的大力支持。如在1958年10月至1959年底的这段时间，水利电力部技术改进局的电力、热能专家徐士高、施洪熙，分别兼任了电力、动力两系主任，这不仅起到了积极促进作用，而且在一定程度上加强了北京电力学院的师资力量。1959年2月21日，水利电力部任命技术改进局局长方琛兼任北京电力学院院长，副局长梁超兼任副院长，李峰任副院长。学院主要负责人身兼部机关工作、学院领导工作，加强了对北京电力学院的组织领导，对于初建阶段的学院有着重要推动作用。

---

① 水利电力部下发［58］水电厅字第361号文。

② 孟昭朋：《华北电力学院院史》，华北电力学院，1988，第15—16页。

二　办学计划和规模的调整

在建院之初，水利电力部和北京电力学院，有过一个美好构想，就是要以苏联赫赫有名的莫斯科动力学院为蓝本，把新生的北京电力学院建设成为中国的莫斯科动力学院。新建的学院要办成一所“万人大学”，规模达到一万人，并有大学、中学、小学、幼儿园在内的“一条龙”式的办学体系。后来多方考虑，最终定为6000人的办学规模：

> 这个6000人在现在看来不算规模大，但当时6000人的规模就算相当大了，当时的矿业学院现在的中国矿业大学在八大学院那边也就五六千人，当时北京航空航天大学那些学校也就四五千人。[①]

到1960年，由于“大跃进”“反右倾”斗争的影响，以及中苏关系恶化，国家发展和人民生活遇到挫折，高等学校的生存发展也遇到重大困难。国家于1961年开始对国民经济采取了“调整、巩固、充实、提高”的方针。在这一“八字方针”指引下，北京电力学院根据水利电力部及北京市委的指示精神，重新审视了学院发展计划，预期规模从6000人压缩到4000人，最后确定为2000人。1960年2月，学院与水利电力部技术改进局共同拟定了学院发展规划。3月12日，院党委副书记、副院长梁超在全院大会上作了《三年规划、八年设想》的学院发展报告。报告提出学院要建立教学、生产、科研三结合基地，要以提高教学质量为基本任务，培养师资队伍，大抓教学建设，开展业余教育和加强行政工作。这一报告总体较为务实，但是仍具有相当的空想色彩，如在科研方面提出力争“八年内攀登世界电力技术顶峰”。[②]

“八字方针”同样指引了全国电力类高校的调整。经过整顿，水利电力部所属高校到了1965年仅保留华东水利学院、武汉水利电力学院、北京

① 《高之樑口述》，见华北电力大学档案馆《口述》第一辑，2021，第189—190页。
② 孟昭朋：《华北电力学院院史》，华北电力学院，1988，第19页。

电力学院、北京水利水电学院、吉林电力学院这五所，其余部直属的高等专科学校全部撤并。到了 1965 年末，这五所高校有本科专业 30 种 37 个，与 1960 年相比较，已经减少 6 种 4 个；学生在校生人数 8230 人，当年招生人数 2271 人，均大幅下降。而且，由于从 1963 年起贯彻了更为尊重教育规律的“高教六十条”，减少了生产劳动、社会活动占用时间，贯彻了“少而精”的原则，学校的教育质量也得到了提高。[①]

可以看到，作为一所新办高校，北京电力学院的规模虽然大大压缩，但与“大跃进”时期匆匆上马、困难时期又被取消的许多“大学”相比，仍然保持了本科大学的性质，说明国家对于电力人才的需要，也说明北京电力学院具有相应的办学基础和实力。

经过 1960 年之后的不断整顿调整，学院工作逐渐步入发展的正轨。学院设置三个系——电力工程系、动力工程系、电厂化学系，另设一个中专部。学院的主要专业设置有六个——发电厂电力网及电力系统、电机电器制造、电力系统的自动化和运动化、发电厂热过程自动化、热能动力装置、电厂化学。同时三个系在专业设置和实习等方面，也有一定的调整。如动力工程系的热能动力装置专业为培养热力发电厂技术人才，曾经增设热工测量与自动化专业。学生规模在逐渐增大，1960 年学院通过全国统一招生，招生 593 名，其中本科生 498 名，专科生 95 名，全院在校生达到了 979 人。此外，学院还担负起水利电力部在职培训的任务，曾举办一期 28 人的短训班，还为水利电力部组织了 70 人的培训班。[②]

第二节 大学成立后的分离迁徙与艰难发展

在北京电力学校基础上创办的北京电力学院，后者升格为大学，前者仍保留中专身份，虽然在教学管理上相对独立，但其他相关工作始终紧密

① 中国电力企业联合会编《中国电力工业史（综合卷）》，中国电力出版社，2021，第 197 页。

② 孟昭朋：《华北电力学院院史》，华北电力学院，1988，第 20 页。

相连，可谓同根同源，随着行业主管部门的推动和学校发展，各自独立办学已经成为新的选择，由此带来的迁校、择地、建设新校园等诸多事宜，是师生们面临的新挑战和新课题。

一　本科与中专“分家”

在北京电力学院建校之初，虽然教学管理上相对独立，但是在学院行政管理上，各职能部门都担负着兼顾本科、中专的职能，同时在人员分工上，也有了一定的内部分工，又逐步建立两套班子，为本科与中专分校做准备。1959 年，水利电力部明确了北京电力学校属北京电业管理局领导，但委托北京电力学院代管，附设在北京电力学院之内。

随着北京电力学院的发展，北京电力学校感觉与北京电力学院的共同发展，限制了自己的发展，加上现在分开办学的基础已经具备，新校址用地也已经开始建设，同源同根的这一校一院就开始了“分别”。1960 年 6 月 2 日，水利电力部《关于北京电力学院的高等和中专分开办学的通知》决定，北京电力学院暑期中搬迁出去，搬迁到紧邻昌平的海淀清河小营新校址，而中专部留下来，仍在西直门外北下关原校址，并恢复“北京电力学校”校名。自此，同源同根的北京电力学院、北京电力学校，彻底分开，成为两个独立发展的部门。1960 年 11 月 2 日，北京电力学院从西直门外北下关搬迁的工作基本完成，两校开始分开办公。迁院之日，北京电力学院已经有学生 1076 人（含专科生 70 人），教师 116 人，教工 212 人。此外，还有工程物理师资班、热工仪表和自动化训练班、电厂化学训练班，也在学院培养。①

分别之时，大家感情有些复杂。有些教师、教工直到最后，才知道各自去处，是前往北京电力学院，还是留在北京电力学校。大家的各自办公物品也是在搬家之际，才跟着各自使用者，去了北京电力学院或者北京电力学校：

---

① 孟昭朋：《华北电力学院院史》，华北电力学院，1988，第 22 页。

> 那时候老师都要参加劳动的，一年要参加一个月的劳动，1960 年我们就来参加基建，在工地上搬板子，等等。1960 年的夏天我们还都来参加劳动，到 1960 年的冬天就从电校搬过来了。搬的时候也很有意思，就是之前都是混着，一直也没说到底谁算是学院的，谁算是留在电校的。后来宣布名单，要彻底分开来了。因为那时候所有的家具什么都是学校配给的，于是谁家的家具就随着这个人算是哪头的。[①]

学院的档案材料也基本分开，这在北京电力学院的教职员工中，还留下了一些疑问。如有人疑惑，北京电力学校的历史算不算北京电力学院、河北电力学院、华北电力学院的历史的一部分？但是事实上，“大学却要承担在分开之前中专的所有的事务，欠的账、欠的债也好，干的事也好，都由大学负责”。[②] 两所学校如同骨肉相连，实际上难以分离。

二 在迁徙中选校区、在匮乏中建校园

北京电力学院新校址的选择，费了很多周折。因为要保留北京电力学校这个中专部分，加之在西直门外北下关一带进行征地扩校很困难，所以需要为北京电力学院重新择地建校。有一种说法是 1958 年 11 月 10 日学院提出了考虑在部属的技术改进局附近（海淀清河）建院的方案，呈报水利电力部，并获批准。[③] 也有一种说法是水利电力部副部长冯仲云提议，因为北京昌平清河小营有水利电力部技术改进局，该局领导也是学院领导，就近方便；同时水利电力部有一个未来设想，想在清河之北的回龙观地区建设一个火电厂，如果学院定址清河，也有利于未来教学、科研、生产三结合。当时清河小营一带属郊区，周围有农田可以征地几百亩，可以建设出来一座学院主楼，并给三个系分别建设一个小楼，再辅之建设学生宿舍、大操场、家属宿舍，是有可能的。

---

① 《曾闻问口述》，见华北电力大学档案馆《口述》第一辑，2021，第 250 页。

② 《孟昭朋口述》，见华北电力大学档案馆《口述》第一辑，2021，第 146 页。

③ 孟昭朋：《华北电力学院院史》，华北电力学院，1988，第 16 页。

（冯仲云）他当时有个想法，在小营有个电科院（当时称技术改进局），那时候规划里准备在回龙观盖个热电厂，所以他说学校要选在小营这一带，将来可以有利于教学、科研、生产三结合，所以这样子选址到了清河小营那个地方。①

1958年11月20日，学院成立了迁院筹建委员会，成员有方琛等9人。水利电力部副部长冯仲云对学院发展很关心，专门做了指示。同年12月，水利电力部同意学院迁院至清河小营，批准了第一期工程50000平方米的建设设计方案。② 本来预期1959年即开始施工，但是由于国家经济等方面的困难，所以建设工作延期到了1960年，以学校2000人规模的较低指标，大幅压减原有规划后进行了施工。

为应对施工中的资金和人力不足，1959年11月30日，学院派出了预科201班的41名同学，授予他们“开路先锋队”的称号，鼓励大家带着行李、粮食和火炉等，去清河参加首批建校劳动。同学们放下书本参加体力劳动，用了8天时间完成了一条从公路通往新校址的简易道路，清理了20000平方米荒地上的堆积物。12月23日，学院机关又动员了39名年轻教工，与先期工作的先锋队员会合，分成5个小队，以劳动竞赛的形式参加建校劳动。大家的口号是：“鼓足干劲，战胜天寒地冻，为建新校园打好基础，以思想和劳动的硕果迎接1960年。”③ 这些师生参加建校劳动的做法，现在看来不可思议，在当年却是习以为常的事，那是中国高等教育艰难发展的一页，也反映了那时国家建设的筚路蓝缕和开创意识。

12月25日，新校址举行了动土典礼。但是后来建设速度，远不如北京电力学校在北下关的快速度。在国家大幅压缩调整建设规划的时期，学校和水利电力部想方设法，包括动员大量教师、教工和学生前来义务劳动，但也仅完成了新校址第一期工程23000平方米建设，其中包括教学大

① 《高之棵口述》，见华北电力大学档案馆《口述》第一辑，2021，第189页。
② 孟昭朋：《华北电力学院院史》，华北电力学院，1988，第16页。
③ 朱常宝主编《华北电力大学校史（1958—2008）》，中国电力出版社，2008，第13页。

楼 10700 平方米，[1] 这栋楼也并不是最初规划的学校主楼，而是电力系楼。改成教学楼的电力系楼，与学院校园内之后建成的另外两栋学生宿舍楼，构成了新校址中的三座楼。师生们包括刚刚来校的新生们，对于这样的三座楼不免有简陋之感。加上新建校园连围墙也没有，就是一大圈铁丝网围着，更显得简陋。大家苦中作乐，因教学楼是未加装饰的水泥灰色，宿舍楼是红砖建成是红色，大家就戏称这三座楼为“一块臭豆腐、两个火柴盒”，或者“三个豆腐干：一个臭豆腐、两个酱豆腐”。孟昭朋在做青年团工作时，就曾经幽默地以后一种说法，跟学生们沟通交流：

> 这时（大楼的）衣裳都没穿好，外表面都是灰的。当时学生来了，我做青年团工作，都跟同学接触，来了就得做思想工作。大家戏称电力学院就是三块豆腐干，一块臭豆腐，两块酱豆腐。两座学生宿舍楼是红砖的，是两块酱豆腐，这灰的没穿衣裳的楼是臭豆腐。就这么仨楼，就接待了这些大学生，来进行培养。[2]

一边是缓慢在建项目，一边是即将入学入校的新老生。为解决这个问题，在 1960 年暑假之后，有一批来自专科班、化学专科班的学生 140 人，被安排到新校区报到。当时唯一可用的建筑，只有正在施工阶段的教学楼。新生们进入教学楼第三层，在施工中的楼内开始学习和生活。当时正逢三年困难时期，学校不仅建设进度比较慢，师生们生活物资供应也比较紧张。条件艰苦的情况下，学生们上课使用的主楼三层教室里，竟然门和窗户都没有框架，更无玻璃，教室里只有讲台和黑板。楼道和楼梯中还密布着脚手架，师生如厕也只能到一楼去。虽暑期已过，但北京还比较炎热，丛生的没过人头的杂草里隐藏的蚊虫“又大又狠”，师生们难以

① 孟昭朋：《华北电力学院院史》，华北电力学院，1988，第 22 页。

② 《孟昭朋口述》，见华北电力大学档案馆《口述》第一辑，2021，第 149 页。

招架。[①]

1960年10月15日，北京电力学院的师生们整体搬迁到新校址，此时完工的只有这座教学楼，全体师生的学习和生活基本在这个大楼内完成，吃饭则在搭起来的大草棚子中和树林中解决，师生们也继续参与到学校的建设之中。四周旷野中的唯一一幢教学楼，成了师生们的学习与栖身场所。很快进入了冬天，为抵御严寒，师生们在没有暖气的大楼内，自己在楼道搭砌土砖炉生火取暖。师生分住在不同的教室里，有的教室挤进去了约百名师生，这样大家方便通铺宿眠，同呼吸、共温暖。最冷时候，不少人在楼道大灶上烤热红砖，塞到被窝底下垫着脚取暖，才能入睡。在艰苦的日子里，据说师生们有个响亮的口号："边教学，边劳动，自己动手，创建校园。"[②] 这可能也是无奈之中学校提出的口号，在当时既不能缓办本科学院，又不能很快改善学校条件，只有硬挺一法。挺过去，可以继续办本科、办大学，否则就可能如同许多匆匆上马的大学一样很快被取消。这样，师生们坚韧不拔地度过了这段艰苦的日子。到了1961年新的宿舍楼建设好了之后，才缓解了这种艰难的状况。

到了1960年11月初，学院搬迁工作基本完成。1961年11月2日，学院的院务委员会讨论决定，从下一年起，北京电力学院院庆日为11月1日。在北京电力学院艰难迁院的日子里，南方的两所水利电力类学校——武汉水利电力学院、华东水利学院，已在1960年10月被国务院宣布入围全国64所重点大学。两所大学的新发展，是水利电力部及电力行业的新成功、新突破。两所学校也继续努力，确定了各自的发展规模：武汉水利电力学院在校生4500人（含研究生300人），华东水利学院在校生4000人（含研究生200人）。[③] 相比于这两所已经功成名就的重点大学，以莫斯科动力学院为目标的北京电力学院，才刚刚走上中专转为大学的路。

---

① 《纪实张贻琛先生》，见华北电力大学党委宣传部《华电记忆》第一辑，2013，第25页。孙国柱口述，华北电力大学档案馆录音资料，笔者整理。

② 孟昭朋：《华北电力学院院史》，华北电力学院，1988，第23页。

③ 龚洵洁、胥青山编著《中国电力高等教育》，武汉大学出版社，2004，第37页。

第三节　建院之初的曲折前进

国家政治形势的调整与变化，会对高校产生重要影响。刚刚成立的北京电力学院一样如此，也在“大跃进”和政治运动的背景下曲折前行。

1958 年 4 月、6 月，全国教育工作会议提出教育改革发展的任务。毛泽东在 1958 年 8 月 13 日视察天津大学时指示，高校应抓住党委领导、群众路线、教育与生产劳动相结合三个要点。[①] 9 月 19 日中共中央、国务院《关于教育工作的指示》，明确提出：“党的教育工作方针是，教育必须为无产阶级政治服务，必须同生产劳动相结合。”各地各学校对以上要求和指示的落实，触发了全国上下的“教育革命”运动。

一　“教育与生产劳动相结合”

作为工科学校，其教育肯定要与实际生产劳动相结合。但如何“结合”，却是复杂的学问，既涉及教育原理，又与国家的经济发展和现代化建设息息相关。以今日的眼光，在当时情况下，向西方国家学习不太可能，但可以向苏联在内的社会主义阵营学习经验、吸取教训。而在当时的大环境下，高校难以从教育原理上进行深入的探讨，只能被动执行上级的行政命令。

在“教育革命”中，诸多高校在教育教学中进行探索，包括学校办工厂、工厂办学校，教学与生产劳动、科学研究三结合，真刀真枪作毕业设计，等等。这些学校的探索和尝试，大多是失败的，当然也积累了一定经验，试图摆脱苏联教育模式的局限，走上中国特色的办学道路。在此过程中，也出现了一些问题，造成了一定后果。此外，政治因素的介入，使一些问题得以扩大或者变得更为复杂。比如，1957 年的反右派运动、1958 的“拔白旗”运动，以及 1959 年的“反右倾”斗争，使得教职员工的积极性

---

① 本书编委会编《难忘的记忆——毛泽东、周恩来、邓小平与天津大学》，天津大学出版社，2009，第 29 页。

受到削弱，学生们则是在参加政治活动和体力生产劳动中，投入的时间与精力过多，直接造成了教育的质量下降。①

创建伊始的北京电力学院在开展健全相关组织、建立教育教学制度、建立教育教学文件、选用教材和编写教材、补充和制造试验设备等工作的同时，还随着上级要求投入了“大炼钢铁”“全民办电”“搞超声波”“双革四化”② 等一系列群众性运动。一方面在建院之初集中精力创造必要的教学条件；另一方面参加大量的群众运动，不可避免地打乱了正常的教学计划和教学秩序，分散了发展力量。学生们较多参加政治活动和生产劳动实践，使得课堂教学处于从属地位。强调能者为师、学生上讲台、工人上讲台、现场教学，忽视了教师在教学中的主导作用。采取干部、教师、学生三结合的形式，突击制订出新的教学计划、教学大纲、教材，自然缺乏一定的科学性、系统性、完整性。1959 年“反右倾”斗争批判了一些敢于实事求是、说真话的教职工，一定程度上鼓励了形式主义、浮夸风，导致思想工作中简单粗暴、强制压服的方法被大量采用。③

1958 年 11 月 17 日，北京电力学院根据“教育为无产阶级政治服务，教育与生产劳动相结合”的教育方针，新建了电机厂和化工一厂、二厂、三厂。师生们一起生产劳动，并从北京市获得了承制电动机、车床等产品的生产订单。1959 年 5 月，学院又成立了动力机械厂、电机制造厂和化工厂。校办工厂便利了学院教学、生产劳动和科学研究的三结合基地的建设，学院师生所用的一些试验仪器、设备、模型、大型图表等可以自己生产，有的资料室、实验室也自己建设。学院动力科师生曾结合小电厂改建进行了提高火电厂发电和汽机效率的研究，改建了设备，由手烧改为半机械化上煤，排汽运行改为凝汽运行。蒸汽温度由 260℃提高到 310℃，锅炉出力提高 40%以上，提高了汽轮机效率，降低了煤耗，使发电厂效率提高

① 龚洵洁、胥青山编著《中国电力高等教育》，武汉大学出版社，2004，第 32—33 页。

② “双革四化”：“双革”，即技术革命、技术革新；“四化”，即机械化、电气化、水利化、自动化。

③ 孟昭朋：《华北电力学院院史》，华北电力学院，1988，第 18 页。

了25%。学院化工厂劳动的预科学生，从煤焦油中提取出酚醛树脂，制成了耐压4万伏的绝缘板。[1]

北京电力学校1956级学生、1958年提前毕业留校的方德亮，就在学院的电机电气制造厂工作过。他主要的工作内容是参与生产变压器、维修一些电器，并准备做电动机等产品的生产制造。大家曾去北京变压器厂搜集边角料，做原料储备。从1959年至1969年，这个工厂完成了国家计划内的2.8千瓦电动机近千台的生产任务，并由电力部门统一分配、按计划销售。工厂生产的电动机不止2.8千瓦一种，后来还生产了4.5千瓦电动机，以及最大达320千伏安的民用变压器。在电厂化学等专业转去武汉水利电力学院之后，这样的厂子一共有三个，人员规模大概共有40多人。[2]

从上面叙述可知，那时对“教育与生产劳动相结合”的理解是片面的，以为相结合就是多办工厂，让教师、学生参加生产的体力劳动就可以了。实际上，这样的工厂规模很小，谈不上经济效益良好。以前面的一个数据而论，十年生产小型电动机（2.8千瓦）近千台，平均每年近百台，如此的效率，大概会有很多的手工劳动在内，自动化程度应该不会太高。学生能否真的在这样的工厂里得到提高？令人怀疑。

二　解决师资短缺问题

在升为本科的同时，合格师资严重不足的问题一直困扰着学校，也制约着学校的发展，北京电力学院采取了很多办法努力解决这个问题。当时研究生数量很少，学校的办法是多管齐下。1960年8月，教育部从水利电力部所属高校现有学生中抽调260人转学理科，趁此机遇，学院先后从中专部抽调30名学生参加培训，作为师资储备。1960年9月，学院又抽调了本科一年级6名学生转入哈尔滨工业大学，进行师资培训；选派26名教师分赴十三所高等院校，进修专业课程。11月，从本科热能动力装置专业三年级学生中抽调10人，转入中国科学院电子研究所学习；从本科电厂电

① 朱常宝主编《华北电力大学校史（1958—2008）》，中国电力出版社，2008，第8页。

② 《方德亮口述》，见华北电力大学档案馆录音资料，笔者整理。

网及电力系统专业三年级抽调10名学生，转入中国科学院自动化研究所学习。11月，学院选派6名原子能专业教师到北京大学进修。1961年，学院还选送14名教师到清华大学、北京大学等院校进修，从学生中抽调10余人进行工程物理、高频、电厂化学专业的师资培养，并鼓励教师考取研究生。在当时国家急需电力人才的情况下，这些措施充实或储备了师资力量，为学院的生存和发展提供了基本的师资条件。在学院内部，学院结合一些任课期短的教师未能充分融会贯通掌握教材的问题，制定了教师培养和提高规划，在各系进行培养青年教师的“五定工作”——定方向、定任务、定内容、定时间、定指导教师。工作中，充分发挥老教师传、帮、带的作用，同时创造条件，以保障教师们每周有5/6的时间，可以集中用于教学和科研之中。① 此时还适逢《高教六十条》的推出，使教学质量逐步回升并得到提高。做了这些努力之后，到了1963年，教师们都感到学院的教育教学，慢慢地正常了，集体备课等也经常地组织起来了，师生们的生活条件也好了一些。

值得注意的是，这一时期北京电力学院的发展也遇到了一个潜在的行业机遇。1960年中苏关系的恶化，苏联撤走专家，使正在设计和施工的12个采用苏联设备的火电工程受到了影响，由此国家加大了独立自主、自力更生地建设电力工业的力度，对火电建设人才的培养也更为重视。随着国民经济建设总方针的变化，火电的重要程度也在提升。1958年国民经济计划草案报告中提出“水电为主、火电为辅”的长期建设方针，但随着电力工业部和水利部合并为水利电力部，以及这一时期电力用量剧增，在电力建设上提出了长远发展上要做到“水主火辅”，但如华北、东北等地区则要“火主水辅”，火电的重要性在提升。② 这对于以火电相关专业为主的北京电力学院来说，是非常有利的发展机遇。

---

① 孟昭朋：《华北电力学院院史》，华北电力学院，1988，第20、21、25页。

② 濮洪九等主编《中国电力与煤炭》，煤炭工业出版社，2004，第30页。

第四节　在饥馑岁月尝试创办新专业

1959—1961年是国家经济最艰难的三年困难时期，在这段难忘的岁月里，北京电力学院的师生们仍然积极努力，认真落实行业主管部门的安排部署，努力克服建院初期的诸多困难，尝试创办了最具挑战性的核能发电专业，并在培养师资、选拔学生和编写教材等方面取得了显著成绩，为后来核电专业的建立奠定了重要基础。

一　核电专业的尝试与夭折

第二次世界大战之后，世界各国竞相开发核电。1951年美国建成世界第一座实验性核电站，1954年苏联也建成了实验性核电站，1957年美国建成了正式发电的核电站，此后核电逐渐成为传统火力发电、水力发电之外的电力生产重要组成部分。因应这种新趋势，水利电力部和北京电力学院也为核电事业做过努力。

谈到核电专业，不能不提及抗联英雄冯仲云。这位著名的抗日将军与教育有缘，他在1949年兼任过哈尔滨工业大学校长，1954年至1968年任水利电力部、电力工业部副部长。在发达国家刚建成核电站不久，冯仲云就敏锐地认识到核电的价值，因而积极推动核电技术研发和核电人才培养。他曾推动了水利电力部在技术改进局（后改称电力科学研究院）内设立了一个研究室——热工二室，选择了最有挑战性的核能发电的方向，专门从事相关技术开发研究。①

北京电力学院担负了核电的人才培养任务，主要任务是以工程物理专业之名，集聚水利电力的优秀师生，培养核电建设的未来人才。工程物理专业是核能专业一个公开称呼，清华大学蒋南翔校长在院校调整后，发展清华大学的一个重要手段就是集聚力量，设立了工程物理专业和工程物理

① 冯明歧编《冯仲云故事集》，河海大学出版社，2015，第93页。

系等，以服务政府重大核心建设为突破，实现了清华大学的迅速发展。水利电力部的核电专业开设之初，就与清华大学物理系开展合作，为培养教师，水利电力部派出了北京电力学院电力专业的高之櫟等一行 8 人，前往清华大学认真学习了相关课程，如核反应堆物理、热工、防护等。当时的核反应堆控制这门课程没有教材，只有一本原版外文书籍 *Control of Nuclear and Power Plant*（《核反应堆和动力厂的自动控制》），可以作为参考。高之櫟和水利电力部技术改进局的陈允潞，一起翻译出来作为大家学习的教材。后来这本翻译稿，被中科院原子能编辑委员会出版，还成为清华大学、西安交通大学等一些高校原子能专业课教材。[①]

有了基本的教师力量，还需要有可靠的学生。水利电力部下令，在 1959 年 1 月从武汉水利电力学院、华东水利学院抽调了部分政治可靠、成绩优秀的四年级在校生，并从北京电力学院的四年级学生中选拔了部分学生，组成了一个 32 人的特别班级，并在年初命名为工程物理班。从远景来看，还准备以这个班级为基础，未来成立工程物理系。这个班级在 1959 年 7 月因师资等问题停办。这 32 名优秀的学生，外校的部分返回了原校，其余学生留校继续就读，有的编入了北京电力学院的教研室，作为学院师资人才储备起来。北京电力学院正好缺乏师资，十分欢迎这批留下来的优秀学生，对他们进行了重点培养，曾送到西安交通大学、南京大学等学习进修。

1960 年，受到全国“双革四化”形势的影响，水利电力部决定继续开展原子能发电人才培养。6 月 9 日，部党组特别批示：“由华东水利学院、武汉水利电力学院抽调 40 名学生，到北京电力学院参加工程物理师资培训。”由此开启了第二个工程物理班。这个班的学生由北京电力学院教务处直接管理，在原有学习基础上，进行了工程物理专业的相关培养。学生们毕业后，也绝大部分走上了工程物理专业的工作岗位，大部分分配到了

---

① 高之櫟：《走在学校发展关键节点上》，转引自华北电力大学党委宣传部《华电记忆》第二辑，2015，第 28 页。

水利电力部技术改进局的热工二室。①

> 我们学校曾经办过一个“工程物理班”……当时好像要发展核工业，就从水利电力部下属学校的三年级、四年级选调学生，当时叫作又红又专，就是选政治条件好、学习好的一部分人。那时候我们学校刚开始办成电力学院。对那一个班，为什么有印象呢？比较有点神秘，就是说那是一个保密班，因为那时候一提到“核”是要保密的。他们这部分学生比较特殊在哪儿呢？他们在教工食堂吃饭，跟一般学生不一样，而且说他们那班几乎全部是党团员，大概党员更多。②

1966 年之后，受“文革”影响这个班级又未能持续下来。

虽然如此，这个班级也对学生的成长作出过贡献。如 1937 年出生在江苏宿迁市的盛光昭，后来成为中国核工业部西南物理研究院的副研究员。在他的成长过程中就与这个班级有过交集。他于 1958 年考入华东水利学院水文系，1960 年被部里和学校调到北京电力学院学习原子能发电专业。半年之后，他又奉命转入了北京大学技术物理系学习，并在 1963 年回到了北京电力学院完成毕业设计，最后到了水电部电力科学研究院从事受控热核反应研究工作。1968 年至 1970 年，他参加了我国最大超导磁镜装置的物理设计，后来又参加了我国最大受控核聚变实验研究装置的物理设计。③

从北京电力学院这个核电专业的停办，也能了解到电力行业核电发展的挫折，这个影响是巨大的。改革开放之后，我国开始正式发展核电时，既缺技术和相关设备，更缺少核电的人才，直到 1991 年才建成秦山核电站，1994 年建成大亚湾核电站，比西方及苏联晚了数十年。

---

① 孟昭朋：《华北电力学院院史》，华北电力学院，1988，第 16—20 页；高之樑：《走在学校发展关键节点上》，转引自华北电力大学党委宣传部《华电记忆》第二辑，2015，第 28 页。

② 《曾闻问口述》，见华北电力大学档案馆《口述》第一辑，2021，第 260 页。

③ 宿迁市政协文史资料委员会：《宿迁文史资料 第 13 辑 宿迁名人录》，1992，第 90—91 页。

二　困难时期办学规模压缩

1961 年 1 月，中共八届九中全会通过了“调整、巩固、充实、提高”的八字方针。根据实际情况，教育部也随即在 1 月 26 日至 2 月 4 日，召开了全国重点高等学校工作会议，决定在全国重点高校中落实八字方针，实行“定规模、定任务、定方向、定专业”。7 月，教育部进一步召开了全国高等学校及中等学校调整工作会议，要求完成调整，集中力量做好提高教学质量等问题。会议还讨论决定，全国高校从 1251 所压减到 800 多所，招生学生数要从 1961 年的 16.23 万人的数字上压下来，要总体控制在校生，从 96.2 万人减少到 94.7 万。[①] 结合 1958 年以来教育革命的经验《教育部直属高等学校暂行工作条例（草案）》（简称《高校六十条》）的推出，全国高校和水利电力部对北京电力学院的建设发展，也随之进行调整，要求与所有部属高校一样完成“四定”工作，即定规模、定任务、定方向和定专业。[②] 受困难时期的多方面影响，水利电力部大幅压减了北京电力学院的建设规划：

> 当时建的时候，部里面失策了，没有把地全部征下来，而是盖多少先征多少，当初只是征了这么一小块地，另外又征了一块地盖家属宿舍。我们是 1959 年开始盖房，到了 1960 年正好碰上国家困难时期，困难时期有一条政策说“不准占用农业用地”，所以边上的地全不能征了，就这么一小块（地方）了。所以当时学校就很困难，只能在这一小块里面发展。[③]

困难时期终于过去，学院的学习和生活条件也在改善。到 1962 年，学生食堂 1560 平方米，以及浴室及锅炉房 974 平方米的建设工程先后竣工，

① 龚洵洁、胥青山编著《中国电力高等教育》，武汉大学出版社，2004，第 48—49 页。

② 朱常宝主编《华北电力大学校史（1958—2008）》，中国电力出版社，2008，第 11 页。

③ 《高之櫆口述》，见华北电力大学档案馆《口述》第一辑，2021，第 190 页。

总共 9033 平方米的两栋学生宿舍楼和一座教工食堂也完工了。此外，学院还添置了桌椅等教学办公用具近 2000 件，充实了生活设备，铺设了排水管道，平整、绿化了校园。[①] 一座崭新的、完善的校园逐渐成形。[②]

这一时期建立的诸多大学，后来大多没有坚持下来，而北京电力学院却坚持下来，并能有所发展。此中因素，应与社会对电力人才的迫切需要，还有北京电力学院的办学路径较为符合实际相关。大家有着一个梦想，正如一些亲历者后来回忆，在 1958 年北京电力学院建校之初，学校的师生们就感到，“随着我国国民经济的发展，电力工业必须有更大的发展，才能为社会主义的新中国绘制出绚丽的蓝图——新型的火力发电站和火力发电厂将不断建立起来，纵横交错的超高压输电线将遍布祖国的原野，遥控遥测自动化电力系统将把强大的电力输送到城市和农村，供给工农业生产和人民生活的需要”[③]。

综观北京电力学院这一时期的发展变迁，有以下三点值得注意和反思。

一是 1958 年我国高等教育经历了教育“大跃进”。这一年 5 月，中共八大二次会议制定“鼓足干劲，力争上游，多快好省地建设社会主义”的总路线。在这一路线指引下，高教领域在 6 月提出“大改革”“大跃进”目标，9 月 19 日中共中央、国务院发布的《关于教育工作的指示》明确规定，要力争“以十五年左右的时间来普及高等教育”。一系列跃进口号及政策扶持催生了教育“大跃进”，各类高校如雨后春笋，1958 年，全国新增高校达 562 所，但这种态势并未持续，到 1963 年，高校数量又急速缩减至 407 所。其中，消失的高校绝大多数是 1958—1960 年密集开办的。可以说，包括北京电力学院在内的一些高校又是非常幸运的，因为并不是每一所新建高校都能够有机会在时代变革的洗礼下坚持下来。

---

① 孟昭朋：《华北电力学院院史》，华北电力学院，1988，第 31 页。

② 张一工：《我与华电——我在华电的 5 种身份与 N 个记忆片段》，转引自华北电力大学党委宣传部《华电记忆》第三辑，2016，第 120 页。

③ 孟昭朋：《华北电力学院院史》，华北电力学院，1988，第 14 页。

二是尽管带有一定盲目性，但这期间确实诞生了众多具有全国、区域或者行业影响力的高质量大学。1959 年 5 月，创办不到一年的中国科学技术大学被指定为全国重点大学（一共 16 所）；1960 年 10 月，又增补北京化工学院（现北京化工大学）等学校为全国重点大学。这个时期的办学，也有其积极贡献的方面。在 2017 年国家评选出的 140 所双一流高校之中，有 11 所大学就是创办于 1958 年。这个数目相当大了，1958 年之后虽然曾经有高校数目陡增的情况，但进入双一流高校的并不多。

三是尽管建校匆忙，但是北京电力学院有明确办学目标，且有符合自身特色的办学定位，那就是承载着努力为国家能源电力事业培养人才的使命。尽管后来经历了合并、迁址、联合和更名，但这一定位始终未变，并由此孕育了“自强不息、团结奋进、爱校敬业、追求卓越”的华电精神。如此种种，实属来之不易。

第四章　北京电力学院的融合发展与压缩拆分（1963—1969）

1963年，国家迎来新发展时期，北京电力学院也进入新发展阶段。当年入学新生王大有[①]回忆，入学当天“教学楼前悬挂着几个彩色大气球，在空中迎风飘荡，下面的条幅是‘欢迎新同学到北京电力学院学习!’、‘北京电力学院是电力工程师的摇篮!’　‘做又红又专的社会主义建设者!’”等激动人心的标语。到校后，他被分配到动力系动经专业6306班，交了自己的户口和粮食关系，以及9月份伙食费10.5元，该学期书费5.75元，然后到了自己的宿舍——南宿舍楼303房间。多年以后，他才知道，1963—1964学年是北京电力学院有着大一至大五5个年级学生就读的一年，同时也是这所学校在北京电力学院时期最为兴旺的一年。[②]

第一节　哈尔滨工业大学带来新力量

学界熟知1952—1953年的全国院校大调整，但实际上在20世纪60年代仍有不少院校进行了调整，北京电力学院和哈尔滨工业大学的专业调整便是其中的代表性案例。这次改动使哈尔滨工业大学调整了专业和办学方向，对哈尔滨工业大学的地位与发展影响不大；哈尔滨工业大学三个电力相关专业加入北京电力学院，却对北京电力学院带来非常大的影响。这一

① 王大有，北京电力学院1963级学生，曾在《华电记忆》第三辑中，撰文回忆母校。

② 王大有：《北京电力学院札记——我的大学》，转引自华北电力大学党委宣传部《华电记忆》第三辑，2016，第153—154页。

动态过程中，充分显示了政府、行业对高校发展的有力促进。

1961 年 5 月 30 日上午，中共北京电力学院第一次党员大会在学院阶梯教室举行。全院 98 名党员有 86 人参加了会议，党委书记杨继先致开幕词，副书记梁超作了工作总结和今后任务的报告。水利电力部副部长冯仲云专程参加了这次会议，并作了鼓舞人心的讲话。他谈到水利电力部将北京电力学院作为重点学校来培养，希望学院也要有追上清华大学的决心，要成为全国动力方面权威的学校。冯仲云还介绍了学院的培养方向重点在火电、热力方向，学生毕业后主要去火电厂工作，也会有少数去水电厂等单位，因此需要学生们学得宽广一些，适合电力建设的需要。① 冯仲云副部长的讲话传达出行业主管部门和他，对北京电力学院的殷切期待。但就现实而言，北京电力学院的基础还很薄弱，确实需要发奋努力，才可能赶超兄弟院校。实现跨越式发展，不仅需要更多努力，还需要更多资源。这个机遇很快出现了，不是来自北京，而是来自遥远的东北名城哈尔滨——哈尔滨工业大学的一个关键改革，提供了这种可能。

一　工科强校调整办学方向和专业设置

哈尔滨工业大学是一所顶尖强校，也是一所学习苏联模式改造的学校。1949 年之后，苏联最早援建中国的两所样板高校就有哈尔滨工业大学，另一所是中国人民大学。哈尔滨工业大学全盘学习苏联科学技术，以及完整的教学制度，包括聘请众多苏联名师任教，校园修建了很多苏式建筑，苏联专家在这里言传身授，学生们在这里用俄语上课、刻苦学习。这所学校被称为红色工程师的摇篮和全国学习苏联先进科技、教学制度的典范，1954 年 5 月，被高等教育部确定为全国 6 所重点高校之一。②

哈尔滨工业大学虽已是专门的工科强校，但在当时情况下，有关方面考虑，希望这所学校继续向更专门的方向发展。1956 年春，曾是“一二·九”

---

① 朱常宝主编《华北电力大学校史（1958—2008）》，中国电力出版社，2008，第 15 页。

② 吴建琪主编《永远的校长：哈工大人怀念李昌校长文集》，哈尔滨工业大学出版社，2011，第 70—71 页。

运动学生骨干、以中央委员身份任职哈尔滨工业大学校长的李昌，特别请教了第三届苏联专家组组长罗日杰斯特文斯基，为积极响应党中央号召，哈尔滨工业大学的专业设置应当怎么办？了解苏联航天工业发展趋势的罗日杰斯特文斯基，因为保密没说明原因，但郑重建议李昌可以考虑哈尔滨工业大学可以创办一些比工程物理更好的专业，如无线电、自动控制、计算机、电气测量、光学仪器、内燃机等相关专业。1958 年还发生了两件事，一是在春天之时，中共中央在合并一、三机部基础上，新建了军民并举的一机部。二是当年 9 月，邓小平一行视察哈尔滨工业大学时建议，“大厂大校，要关心国家命运”；谈到“政府发展需要尖端科学技术，像哈工大这么一个大学，应该是突破科学技术关的基点之一”。

邓小平视察之时，中苏关系已淡出蜜月期。在 1959 年 8 月、1960 年 1 月的国家国防院校校长会议上，三机部对哈尔滨工业大学调整办学方向、专业设置，建立尖端专业、实现由民转军的报告，予以批准。1961 年上半年，国家国防工业领导体制的改革，加速了这一进程。1961 年哈尔滨工业大学剥离了发电厂电力网及电力系统、高电压技术、动力经济这三个专业，1962 年设置了 10 个系 36 个专业，落实了“转军”的办学设想。[①]

二　多方努力促成三个强势专业并入

哈尔滨工业大学办学方向的转变给北京电力学院带来重大机遇。同时，哈尔滨工业大学有的教师面临新的选择，也进一步促成了机遇的实现。这些教师，由于各种原因，不得不考虑离开这所蓬勃发展的学校，其中最重要的是政治原因。哈尔滨工业大学“转军”，随之加大了保密和政治审查，有些教师因为家庭“出身不好”、社会背景复杂等原因，不得不寻找新的出路。水利电力部得知了这一消息，就有心邀请这些教师加入北京电力学院。1960

① 吴建琪主编《永远的校长：哈工大人怀念李昌校长文集》，哈尔滨工业大学出版社，2011，第 71—79 页。

年，水利电力部领导特别委派北京电力学院陈秉堃[1]、刘倜两人前往哈尔滨工业大学商谈。[2] 陈秉堃两人在哈尔滨工业大学受到了欢迎。

> 第一个机遇，就在1961年的时候。哈尔滨工业大学是新中国成立以后向苏联学习办的一所大学，那时候它就有原来咱们学校的发电专业、继电保护自动化专业，有高压专业，有热能动力专业，有热工自动化专业。当时哈工大要转军工。转军工呢，有些人不适合留在军工单位、保密单位。因为那时候搞军工，不光你家庭、出身要好，另外社会关系要简单，有些虽然是党员，但是社会关系复杂一点，也不能搞军工。在这么一个情况下，有些是业务不错的，但是不适合搞军工的一些老师在那里就不太合适了。对于这一批（人），部里说这是一个机会，派人去哈工大把他们调过来。[3]

1956年毕业于哈尔滨工业大学电机系，留校历任哈尔滨工业大学助教、电力系副系主任、动力研究所副所长的翟东群[4]，不得不考虑自己的去留问题。[5] 翟东群入党很早，在这所大学学习了七年，表现很好，被学校直接留下做了骨干，而且政治工作和行政工作双肩挑，发展前景应该很好。但是他有个大哥考入了黄埔军校，曾作为国民党政府第一代飞行员在美国受训，后来在台湾受到重用。这个情况就使得翟东群在政治审查时受

---

① 陈秉堃，男，河北省人，1929年出生，1952年毕业于天津大学，1952年之后在北京电力学校、北京电力学院任教，并担任行政职务，1962—1988年到水利电力部从事教育管理，先后任副处长、处长、副司长，1988—1992年为水利电力出版社社长。

② 沈根才主编《中国电力人物志》，水利电力出版社，1992，第283页。

③ 《高之樑口述》，见华北电力大学档案馆《口述》第一辑，2021，第194页。

④ 翟东群，男，1933年出生于济南，祖籍河北邢台，中共党员，教授。1949年考入哈尔滨工业大学，1950年入党。1950年抗美援朝时担任哈尔滨市政府前线战勤处翻译。1956年哈尔滨工业大学电机系毕业后留校任教，后担任电机系系主任。1961年调入北京电力学院，先后在北京电力学院、河北电力学院、华北电力学院、北京电力管理干部学院、北京水利电力经济管理学院、北京动力经济学院任系主任、教务处长、副院长。参与并见证了学校重要发展，在学校从岳城水库到保定的迁移过程中，其口述内容生动详细。

⑤ 沈根才主编《中国电力人物志》，水利电力出版社，1992，第507页。

挫，他曾两次报名去苏联留学，都被压了下来。这次遇到了找上门来的陈秉堃，翟东群思前想后，决定报名去北京电力学院。李昌约翟东群谈话，希望他不要离开哈尔滨工业大学，力邀他加入新成立的航天系。翟东群对老校长表态：

现在你们了解我，大哥的这个海外关系不会影响我的发展。以后呢？再碰到不了解我的人，怎么办？我还是主动离开军工系统吧！[①]

1949年杨以涵本科毕业于东北大学电机系，1952年他继续就读哈尔滨工业大学电机系的电力专业研究生，毕业之后留校任教，参与创办哈尔滨工业大学第一个也是新中国第一个发电专业。[②] 但是即便如此优秀的他，也不得不考虑去留问题。

杨以涵有一个愿望，想与大家一起来建设好电力专业的大学。当时石油、钢铁行业，都有了自己的大学，有的还办得挺好，但是唯独电力行业还没有自己的大学。既然水利电力部领导都提议大家来到北京电力学院，一起办有中国特色的电力系统的大学，大家愿意来，杨以涵也乐意跟着大家一起来了：

当时各个（行业）比如说石油、钢铁什么都有自己的学校，唯独电力没有，我们非常希望有一个电力的专业学校。当时哈工大要转向军用，不办我们这个电力专业了。当时冯仲云部长知道这个事，他就

① 华北电力大学党委宣传部：《华电记忆》第四辑，2017，第1页。

② 杨以涵（1927—2022），男，汉族，辽宁铁岭人，教授。1946年至1949年就读于东北大学电机系，毕业后留校任教。1950年至1952年在哈尔滨工业大学电力系统及其自动化专业读研究生，结业后留校任教。1961年9月随专业调整调入北京电力学院工作。曾任教研室主任、电力系主任等职。1961年晋升为副教授，1979年晋升为教授，1986年被国务院学位委员会授予博士生导师资格。20世纪50年代，在哈尔滨工业大学与苏联专家合作，参与创建了我国第一个发电专业（现在的电力系统及其自动化专业），是电力系统及其自动化专业教学的奠基人之一。20世纪80年代，带领学科组成员成功申请获批电力系统及其自动化专业博士点，实现学校博士点零的突破。

提议把我们这些专业，就是包括哈工大这个电力专业，转到当时北京电力学院，办一个有特色的电力系统的大学。当时比如石油大学，人家办的挺好。后来我们都愿意来，我也就跟着大伙一起来了，从那时就帮助学校办这个专业，办这个电力系统学校，也起了一些作用。[①]

也有人并不愿意离开哈尔滨工业大学这所名校，但是因为舍不得自己的专业，不得不一起离开。1954 年 6 月毕业于哈尔滨工业大学并留校任教的王铭诚谈道：

我是真的舍不得离开母校，后来是不得不离开的。因在这里工作顺手，而且相对来说教学和科研环境也很优越。可，哈工大改为军工性质后，电力专业已确定整体迁到北京电力学院。我要是想要继续留在学校，就必须改换专业。从内心深处来说，我对电力系统专业感情也很深，实在不想换专业。权衡再三，选择时真是很矛盾。[②]

1961 年 2 月，哈尔滨工业大学正式划归国防部国防科学技术委员会，确定所有专业向军工专业转变，确定不再举办电力系等民用专业。水利电力部积极抓住良机，由副部长刘澜波出面，在北京拜访了李昌，商定了哈尔滨工业大学电力系的发电、高压、动经三个专业整体并入北京电力学院的具体事宜。水利电力部希望借此良机，尽快充实和提高北京电力学院的办学水平。[③] 在这一过程中，水利电力部的另一位副部长冯仲云曾担任哈尔滨工业大学的校长，且对北京电力学院的建立相当关心，这个情况便利了两所高校之间的沟通。

1961 年 4 月 15 日，水利电力部发文给教育部："哈尔滨工业大学由于

---

① 《杨以涵口述》，见华北电力大学档案馆《口述》第二辑，2022，第 95 页。

② 《实录王铭诚先生》，转引自华北电力大学党委宣传部《华电记忆》第一辑，2013，第 41 页。

③ 朱常宝主编《华北电力大学校史（1958—2008）》，中国电力出版社，2008，第 11 页。

专业性质进行调整。其原来设置的发电厂电力网及电力系统、高电压技术和动力经济与企业组织三个专业已决定停办。该三专业教学力量较强，且高电压技术和动力经济与企业组织两个专业，目前各高等学校设置较少。为使这三个专业继续为我国电力生产建设培养质量较高的人才，建议将这三个专业的教学设备、师资和现有学生除哈尔滨工业大学留下必要的数量外，全部并入我部北京电力学院，并争取于今年暑假或寒假间进行调整工作。”

1961 年 5 月 29 日，国防科学技术委员会发文给哈尔滨工业大学：“经与教育部研究，同意你校 1961 年在电力、高压、动力经济三个专业基础上，新建特种电源、电网电物理两个国防专业。除留下建设新专业的师生、设备外，教研室正副主任、教师 29 人学生 208 人以及部分专业教学设备，转给北京电力学院。具体交接工作，望你校直接与水利电力部商定。并望做好师生转校的思想教育工作。”①

北京市、水利电力部对此次调整也相当关注，召集了北京电力学院领导进行了研究部署。1961 年 9 月 1 日，院长杨继先主持召开院行政会议，介绍具体调入情况，部署了迎接、搬运、安排等各项事务。当月，哈尔滨工业大学电力系发电厂电力网及其电力系统、高电压技术、动力经济三个专业的教师 42 人（含 13 位随迁家属），以及高年级的学生 230 人，连同部分教学设备一起迁入了北京电力学院。其中教师和随迁家属 42 人中，包括发电专业 13 人，高电压技术专业 6 人，动力经济专业 9 人，另有哈工大动力系主任王加璇等 7 人，政工干部 7 人。三个专业课学生中的低年级学生留在了哈尔滨工业大学，如动经专业 1959 级、1960 级本科生，仍在基础课学习阶段，就留在了哈尔滨工业大学并调整到了其他专业。② 后继还来了一些学生。如 1961—1962 年，有发电等三个专业的一、二、三年级的

① 崔翔、陈泓佚、焦天予、关阳晨：《华电校史中的动力经济与企业组织专业》，转引自华北电力大学党委宣传部《华电记忆》第六辑，2019，第 44—45 页。

② 崔翔、陈泓佚、焦天予、关阳晨：《华电校史中的动力经济与企业组织专业》，转引自华北电力大学党委宣传部《华电记忆》第六辑，2019，第 45 页。

10 名研究生转入学院。[①] 同时也转来了教师——1961 年 9 月从苏联留学归来的动经专业首届本科毕业生罗百昌，在获得苏联副博士学位后，回国入职北京电力学院动经教研室任教。[②]

后来是北京电力学院研究生、北京电力学院教师的张文勤[③]，就曾在哈尔滨工业大学学习成长。1948 年 11 月，他的家乡辽宁省新民县解放，正读初中的张文勤，深受那个时代的苏联名言“共产主义就是苏维埃政权加全国电气化”的强烈影响，想未来当个电气工程师为人民服务。1953 年，他以优异的成绩考上了哈尔滨工业大学电机系。在这所重点大学学习的日子里，他深感自豪，也受到了严格训练。教学计划完全按苏联高校的模式进行，本科前三年为基础课，高年级专业课学得也很全，而且实践环节很多，毕业时还有严格的课程设计及毕业设计等内容。[④] 1961 年，已经留校攻读副博士的张文勤随专业转到北京电力学院，继续读研究生。

哈尔滨工业大学学生的到来，也使得北京电力学院提前有了自己的毕业生。哈尔滨工业大学随迁学生中有大四年级学生，到了 1962 年就成为大五年级的毕业生，所以 1962 年 7 月 26 日，学院为首届毕业生——哈尔滨工业大学高压 57-1 班的学生在内的发电、高压、动经三个专业的 1957 级本科生——举行了毕业典礼。由于北京电力学院 1958 年成立，在哈尔滨工业大学电力系并入之前还没有过本科毕业生。因此，北京电力学院的首届本科毕业生都是来自哈尔滨工业大学电力系的。到了 1963 年 7 月，转入的 1958 级的哈尔滨工业大学本科生与北京电力学院的 1958 级本科生，一起成为北京电力学院的当年毕业生。[⑤]

---

① 孟昭朋：《华北电力学院院史》，华北电力学院，1988，第 28 页。

② 崔翔、陈泓佚、焦天予、关阳晨：《华电校史中的动力经济与企业组织专业》，转引自华北电力大学党委宣传部《华电记忆》第六辑，2019，第 45 页。

③ 张文勤，男，1935 年出生于辽宁新民，教授。1959 年毕业于哈尔滨工业大学，留校攻读副博士研究生，1961 年随专业调整到北京电力学院，1963 年分配到武汉水利电力学院，1972 年调黑龙江省电力局，1981 年调至华北电力学院。

④ 《张文勤口述》，华北电力大学档案馆录音资料，笔者整理。

⑤ 崔翔、陈泓佚、焦天予、关阳晨：《华电校史中的高电压技术专业》，转引自华北电力大学党委宣传部《华电记忆》第六辑，2019，第 67 页。

三 实现了融合性创新发展

哈尔滨工业大学师生的到来，受到北京电力学院和水利电力部的热烈欢迎。北京电力学院增加了一股强大力量。两位一直曾求学、工作在北京电力学院的教师回忆道：

> 所以后来有人讲，电力学院应该说是两股力量，一股是北京电校基础上办起来的，和哈尔滨工业大学院系调整分来的，合在一起才使电力学院有一个很好的基础开始向上发展。我是同意这个观点的。[①]

> 这样子的话，对咱们学院的发展是有好处的，因为毕竟咱们学院原来是从中专基础上改成大学的。那么大学的教学经验，科研工作的开展，哈工大来了这批老师很有促进作用。这是一个机遇，大概算是抓住了。[②]

对此，学院多年后的总结是："在学院建院三年，办学经验不足，百业待兴的情况下，哈尔滨工业大学部分专业的并入增加了一批具有较高的专业学术水平、丰富的教学和管理经验的教师，为这所新建院校增添了巨大活力。加强了师资力量，改善了办学条件，扩充了教学设备，扩大了招生规模。"[③]

哈尔滨工业大学电力系三个专业的到来，有力促进了北京电力学院的专业调整。1961 年 9 月，北京电力学院重组了原有电力系的教研室、专业，组建了电工、电机、发电、高压、电自五个教研室，以及相应的五个实验室。调整出发电厂电力网及电力系统、高电压技术、电力系统自动化及远动化三个专业，简称则称为发电、高压、电自专业。与专业调整与发

---

① 《孟昭朋口述》，见华北电力大学档案馆《口述》第一辑，2021，第 148 页。

② 《高之檪口述》，见华北电力大学档案馆《口述》第一辑，2021，第 195 页。

③ 孟昭朋：《华北电力学院院史》，华北电力学院，1988，第 28 页。

展的步骤相随的是，1962 年到 1964 年，新建的教研室在延续了哈尔滨工业大学的教学计划和教学风格的同时，继续新增了力量，如高压教研室就招收了多名其他高校的本科生和研究生，补充了师资队伍。[①]

哈尔滨工业大学师生的到来，也促进了北京电力学院的软硬环境的建设。以新建的高电压技术专业来说，由于科研的需要，北京电力学院为其建设了高压实验小楼，这个小楼提升了学院科研的基础，而且在改革开放之后，也为学院新建高压专业打下基础，并为高压专业的研究生培养和科学研究提供了初步的实验环境。此外，高电压技术专业人才培养中，引入了哈尔滨工业大学成熟的教学体系、优良的学风，吸引了优质的生源，带来了科研和社会的重要资源。[②]

细化到教育教学上来说，哈尔滨工业大学的传统也引领了北京电力学院的发展，树立了当时国内一流的标准。如前文所言，1962 年由于哈尔滨工业大学来的这批学生，北京电力学院提前有了首批毕业生。在本科和研究生毕业答辩上，就体现了哈尔滨工业大学的特点。

动经专业本科生毕业设计答辩非常庄重，在当时少见。时任教师的邵汉光[③]回忆：

> 北京电力学院动经专业的本科生毕业答辩，有答辩委员会、有评审人、有本人报告和教师提问等环节，环环都很严格。当时一些高校的毕业答辩并不严格，往往是学生在上面讲够 15 分钟，下面几位教师听听就结束了。但是哈工大的传统不是这样，要举行非常正式的答

① 崔翔、陈泓佚、焦天予、关阳晨：《华电校史中的高电压技术专业》，转引自华北电力大学党委宣传部《华电记忆》第六辑，2019，第 64 页。

② 崔翔、陈泓佚、焦天予、关阳晨：《华电校史中的高电压技术专业》，转引自华北电力大学党委宣传部《华电记忆》第六辑，2019，第 52 页。

③ 邵汉光（1930—2022），浙江温州人，研究生毕业，教授。曾任北京水利电力管理干部学院副院长，华北电力大学研究生部副主任。长期致力于电工理论与新技术专业的教学和科研工作，是国内最早从事电磁场问题计算方法研究的人员之一，国际“电磁场计算学会”（International Compumag Society）的创始人之一。

辩会。[①]

由于有的学生的毕业设计与水能利用相关，学院动经教研室还专门去了清华大学，请来了著名水利发电专家施嘉炀主持了这场本科生毕业答辩会。[②]

研究生答辩更为重视。前文提到的在哈尔滨工业大学时期跟随导师杨以涵，按照苏联副博士培养方案攻读电力系统方向研究生的张文勤，是1949年之后新中国最早培养的一批研究生。他之前已经在哈尔滨工业大学攻读了两年研究生，在北京电力学院时，又用了一年半时间完成了毕业论文。在毕业论文的写作过程中，因为北京电力学院的实验室远不如哈尔滨工业大学完备，所以张文勤不得不在毕业论文的设计上，侧重于理论分析研究，以规避有些做不了的实验。在1963年2月15日的答辩会上，答辩委员会主任是从天津大学电机系请来的副主任徐庆春，答辩委员会副主任则是北京电力学院的副院长董一博。张文勤的论文《具有励磁调节器的简单电力系统静态稳定分析》，提前在1962年底，已经由学院送给了徐庆春等教师审阅。答辩会上，答辩委员会的教师们进行了严格的评审，在肯定论文对励磁接线方式及多机组的厂内稳定的分析有一定的独立见解的同时，对论文没有实验部分、计算结合实际不够、缺乏实际应用的问题也严格直接地指了出来。[③] 通过答辩之后，拿到毕业证书的张文勤，发现自己的证书编号是“研字01号”，他也因此成为北京电力学院的首位研究生毕业生。之后，他被水利电力部直接分配到武汉水利电力学院任教。[④] 多年后的回忆中，他还认为，“哈工大这三个专业交到了北京以后，（北京电力

---

① 崔翔、陈泓佚、焦天予、关阳晨：《华电校史中的动力经济与企业组织专业》，转引自华北电力大学党委宣传部《华电记忆》第六辑，2019，第46页。

② 崔翔、陈泓佚、焦天予、关阳晨：《华电校史中的动力经济与企业组织专业》，转引自华北电力大学党委宣传部《华电记忆》第六辑，2019，第46页。

③ 张文勤：《北京电院初期的研究生教育》，转引自华北电力大学党委宣传部《华电记忆》第三辑，2016，第17、18页。

④ 张文勤口述，赵博整理《热心奉献的电力情缘——华电首位研究生的深情回顾》，转引自华北电力大学党委宣传部《华电记忆》第三辑，2016，第11页。

学院）学校在专业的教学科研水平基本上就和清华、交大、天大、浙大，在一个起跑线了”[①]。

从哈尔滨来的教师们，也逐渐扎下根来。虽然北京电力学院当时只有一栋教学楼和两栋学生宿舍，家属也住在学生宿舍，实验室条件非常简陋，图书馆也很小，不过大家对未来充满信心。当时流传一种说法：我们是电力部领导下的电力学院，电力学院领导下的电力系，电力系领导下的电力专业，是电力的三次方，得天独厚。大家也深感对发展电力事业、培养电力人才负有重大责任。从哈尔滨工业大学调来的同志，受到学校各方的重视，被称作学院建设的主力军。[②]

当然，抱怨也是有的，如当时从哈尔滨工业大学来的大四、大五年级的有的学生认为，北京电力学院的牌子远不如哈尔滨工业大学响亮，学校简陋的条件更没法与哈尔滨工业大学相比。对这些抱怨，有一位学院的领导曾经在做思想政治工作中，对学生们劝导：“清华名气大，他们毕业出来的学生工资每月 56 元，我们毕业的学生也是 56 元。”这个说法，一时在学生中传开了。[③] 但是总体来讲，新老两股力量是团结、友爱的，“因为它经过很多困难，有一个根，和这个艰苦奋斗这一点来讲，一代一代有这个传统”[④]。

第二节　调整中求巩固，巩固中求发展

“大跃进”时期，高等教育，盲目上马，不但没有促进高等教育的健康发展，反而带来很多问题。再加上政治运动的冲击，师生常常不能正常上课，北京电力学院的教学秩序也受到严重冲击。1961 年 9 月 15 日，中

① 《张文勤口述》，华北电力大学档案馆音频资料，笔者整理。

② 戴克健：《我与华电》，转引自华北电力大学党委宣传部《华电记忆》第二辑，2015，第 8 页。

③ 戴克健：《我与华电》，转引自华北电力大学党委宣传部《华电记忆》第二辑，2015，第 10 页。

④ 《孟昭朋口述》，见华北电力大学档案馆《口述》第一辑，2021，第 148 页。

共中央发布的《教育部直属高等学校暂行工作条例（草案）》（以下简称《高校六十条》），总结了新中国成立12年来，特别是1958年以来，国家教育革命的成果。包括指明了高等学校的基本任务、高等学校学生的培养目标等宏大的内容，还对高等教育的具体工作做了详尽指导。[①]《高校六十条》的本质，在于纠正“大跃进”的不良后果，恢复正常教学秩序，故其发布到高校及教育机构，对教育革命“大跃进”中的一些负面情况作出调整，有效恢复了学校正常的教学秩序，在提高教师积极性、教育教学质量等方面，起到了有力的促进作用。

一　学习宣传贯彻《高校六十条》

中共中央发布《高校六十条》后，北京电力学院和其主管部门水利电力部都非常重视，这也成了北京电力学院进一步走向正轨的契机。

水利电力部组织了所属高等学校积极贯彻《高校六十条》，北京电力学院也随之掀起了学习、宣传、贯彻的热潮。对于北京电力学院来说，《高校六十条》还有着特别的帮助促进作用，因为建院以来，《高校六十条》指出的一些问题，在北京电力学院中比较普遍的存在。加之学院建院与迁院同步进行，教育教学不稳定，师生们的生活也没能安定，学生培养的质量就出现了问题。如在1960—1961学年度第一学期的考试中，学院的不及格人数在20%以上，个别班级不及格人数竟达到了70%。因此学院结合建院三年来的工作，对照《高校六十条》，组织了调查组深入一线，提出了《关于改进课堂教学的初步意见》和《关于教研组工作的初步意见》。[②]

1961年10—11月，学院掀起全院层面的《高校六十条》学习讨论，通过对照检查，找出工作不足，认为需重点解决五个问题：一是必须以教学为主，高校内部时间安排应有利于教学；二是要正确执行党的知识分子

---

① 本书编委会编《中华人民共和国国史全鉴第3卷（1960—1966）》，团结出版社，1996，第2760页。

② 朱常宝主编《华北电力大学校史（1958—2008）》，中国电力出版社，2008，第12页。

政策，做到百花齐放、百家争鸣；三是要实行党委领导下的以院长为首的院务委员会负责制；四是要保障好教育和师生生活的物质条件；五是要改进党的领导作风。[①] 对比《高校六十条》，可以注意到，这正是《高校六十条》要达到的目的。此后北京电力学院积极修订和调整了教学计划及教学大纲，减免了一些公益劳动，以免侵占教学时间；准备从 1962 年开始在入学新生中执行新的教学计划，重视提高教学质量。学院还准备聘请水利电力部技术改进局、电力设计院等单位的工程技术人员，为学生们作专题报告以拓宽学生视野。[②]

1962 年，国家经济进一步好转，师生的生活条件得到一定改善，不过学生参加体力劳动仍然较多，学习负担较重，甚至影响师生的体质。因此在 1962 年初，学院落实教育部关于贯彻劳逸结合，减轻学生学习负担的通报精神，在教学上贯彻“少而精”原则以减轻学生负担，在劳动上严格控制时间以防止滥调人员，在医疗上加强预防并保障冬季取暖与生活条件改善。[③]

学院落实《高校六十条》的工作也受到了肯定。1962 年 11 月，水利电力部对北京电力学校在内的所属高校开展贯彻执行《高校六十条》的专项检查，组织了水利电力部教育司、华东水利学院、武汉水利电力学院、郑州电力学校、长沙电力学校的人员组成的检查组，通过听取学院领导汇报、召开各种层次师生座谈会等形式，了解相关情况，肯定了学院所做的工作。[④]

二　在调整中留存并求发展

1962 年 5 月，中共中央批复教育部《关于进一步调整教育事业和精简教职工的报告》，10 月教育部召开全国教育事业计划会议，准备压缩全国

① 孟昭朋：《华北电力学院院史》，华北电力学院，1988，第 29 页。
② 孟昭朋：《华北电力学院院史》，华北电力学院，1988，第 30 页。
③ 孟昭朋：《华北电力学院院史》，华北电力学院，1988，第 31—32 页。
④ 朱常宝主编《华北电力大学校史（1958—2008）》，中国电力出版社，2008，第 13 页。

高校，计划在1963年压缩到407所（含本科院校359所）。水利电力部就此准备将直属高校在1965年压缩到5所——武汉水利电力学院、华东水利学院、吉林电力学院、北京电力学院、北京水利水电学院。在这个大背景下，学院步入了调整中求巩固，巩固中求发展的阶段。

1963年4月，北京电力学院院务委员会进一步修订了原先拟定的《试行中央教育部直属高等院校暂行工作条例（草案）的五年规划》，提出了新的设想，准备为向全国重点高校迈进打好基础。学院准备在1967年前后，在教学质量上通过教学基本建设关和课程教学关，在多数课程及实习、毕业设计的质量上赶上或接近全国重点高等院校的水平，并在学术研究方面做出一定成绩。①

北京电力学院的发展，既受益又服务于水利电力部。1962年年中，水利电力部计划司筹备动能经济研究室，以强化动经专业在电力生产计划与组织管理中的作用。到了1963年，水利电力部根据国务院和国家科委关于加强动能经济科学研究的指示，在北京电力学院内建立起动能经济研究室。

这个新的研究室，从1962年7月开始筹备，到9月就宣布正式成立。冯仲云还特别批示，这个研究室的人事、财务关系从1963年12月起转到水利电力部代管，以示重视，同时研究室的编制和预算仍放在了北京电力学院。1963年7月15日，水利电力部发文给北京电力学院："我部决定在北京电力学院成立动能经济研究室。负责研究电力工业发展规划中的技术经济问题，承担1963—1972年电力工业科学技术发展规划中的有关科研任务。现指定计划司雷树萱副司长兼任动能经济研究室主任，受部直接领导，并由雷树萱同志负责筹备工作。"在日常管理上，这个研究室由学院的徐绳均负责，在师资和研究力量上，后来补充了北京电力学院动经专业7人、发电专业3人，以及清华大学等高校来的本科毕业生。这些工作促

① 孟昭朋：《华北电力学院院史》，华北电力学院，1988，第33页。

进了学院与水利电力部的密切联系。[1]

1962 年底的统计中，北京电力学院学生规模已经有 1274 名，教职工规模是 489 名，其中专业教师 198 名，学院的建筑面积达到了 23000 平方米。[2] 随着困难时期逐渐过去，1963 年，学院考虑未来发展，准备在学院周围再征地，建设一栋教学楼和相应的学生宿舍。学院与所在地人民公社的小营村基本谈妥了价格，就要签字时，小营村提出了一个条件，希望学院额外给当地村了打一口井。成本大概要上万元，但是报上去后，水利电力部认为是额外要求，没有同意，这就拖了下来。[3] 多年之后回头看，可以说因为一个小插曲，失去了一大良机。

第三节　再度受挫

由于《高校六十条》的贯彻执行，加上三年困难时期已过，北京电力学院和全国高校一样，本该迎来新一轮发展。但是，随着中苏关系的恶化，苏联专家撤走，再加上后来的政治运动，使学校的发展再度受挫。1963 年，对于中国而言，是个好年份，在经历了“大跃进”、三年困难时期之后，国民经济也得到了恢复。对北京电力学院来说，更是如此，因为 9 月迎新、10 月国庆、11 月院庆，足以让师生们心情澎湃。这样欢庆的日子并没有持续多久，随之而来的规模压缩、部分专业划给他校，让这所新生的大学多了一段过山车般的历史记忆。

一　1963：充满希望的一年

1963 年，又一届新生入学。对于北京电力学院来说，这一年入学新生，已经是新一代学生。在当时低录取率下，这一批新生都是竞争中的佼佼者。

---

① 崔翔、陈泓佚、焦天予、关阳晨：《华电校史中的动力经济与企业组织专业》，转引自华北电力大学党委宣传部《华电记忆》第六辑，2019，第 46 页。

② 朱常宝主编《华北电力大学校史（1958—2008）》，中国电力出版社，2008，第 12 页。

③ 高之樑：《走在学校发展的关键节点上》，转引自华北电力大学党委宣传部《华电记忆》第二辑，2015，第 28 页。

来自辽宁的新生王大有认为，自己能上大学，还来到首都，真是很幸运。9月1日，王大有走出北京火车站，迎面就看到了迎风招展的“北京电力学院”校旗。在这里的学院新生接待站中，40多名新生聚集，在接待人员安排下，乘坐学院敞篷卡车绕行城中，出了德胜门向城北而去。坐在感觉犹如今日豪华大巴的卡车上，兴奋的王大有和同学们望见城北的郊区：

> 到处都是绿油油的庄稼，在麦地、稻田中有一些农舍，楼房寥若晨星。过了清河镇不久，汽车下公路又向东走了100多米进入校园，校门朝西，看到上面悬挂的毛体字的“北京电力学院”匾牌，感到非常亲切。①

入学新生，隔着校园围墙，就能看到东面的水利电力部技术改进局的高压输电线试验场。此外，校园周围就是农田和村庄，南侧农田间还有一条潺潺流水、小鱼游动的小河沟。这里购物还不大方便，新生们要购买生活用品、文具的话，需要在老生们的指点下，到学校南边1千米的小营合作社去购买，那里有一个镇子。入学之后，新生们参加了自己的第一次班会。王大有所在班级的班会，在9月2日上午8点的教学楼507教室召开，由班级政治辅导员孟昭朋主持。会上，孟昭朋勉励大家在又红又专的道路上取得更好成绩，并介绍了大家所修的动经专业。同学们了解到：动经专业的人才发展方向，主要是努力成为工业布局、电厂选点、企业管理、电力规划等方面的专业人才；动经专业的学术源流，来自哈尔滨工业大学在苏联专家建议下新设的重要专业。

校园里充满着浓郁的学习氛围。学校自习室里，早、晚都是座无虚席，晚自习后还有人待在教室里，直到熄灯才离开。宿舍里，同学们也在忙着学习，有时很晚了，大家躺在床上还在讨论相关问题。学院的图书馆，更是同学们常去占座的地方，很多人喜欢这个弥漫着书香、遍布着资

---

① 王大有：《北京电力学院札记——我的大学》，转引自华北电力大学党委宣传部《华电记忆》第三辑，2016，第153、154页。

料，每个人都在静静看书的所在。①

1963 年 3 月 5 日毛泽东发出“向雷锋同志学习”的号召后，“学习解放军”“学大庆”“学县委书记的好榜样焦裕禄”等一系列学习活动次第展开，在全国掀起了学习的热潮。与全国性运动一样，北京电力学院也在学院内开展了“比、学、赶、帮、超”的活动，师生员工们表示，要做好电力教育事业，贡献祖国建设大业。② 同学们必须经常参加北京的各种活动，尤其是政治性活动，其中以国庆活动最令大家记忆深刻。据当时参加者回忆，在国庆之前的一段时间，很多同学每天下午要进行队列练习，学习集体舞蹈，每次要用约 2 个小时。因为都要去参加国庆节的广场游行，接受毛主席检阅，当天晚上，还在天安门广场参加狂欢晚会，大家都特别愿意参加训练。学院还专门请来了解放军教官指导大家的队列训练，教官要求大家 50 人一横排，每分钟走 105 步，每步 82 厘米。训练中，每个人右手拿一束鲜花，以“毛主席万岁！万岁！万岁！万岁！”“共产党万岁！万岁！万岁！万岁！”的节拍行进，随着节拍挥动花束。

国庆节当天凌晨 4 点，参加过队列训练的同学们已起床，纷纷穿上了自己最好的衣服，在学院教师组织下，一起乘上解放牌大卡车出发，到达游行方阵的集结点南长街。游行方阵在通过天安门时，大家步伐走得非常整齐，每列能保持在一条直线。通过天安门的时刻最令人激动，大家激昂地高呼口号：“毛主席万岁！”“共产党万岁！”兴奋得目不转睛看着天安门城楼，虽然距离很远，但还是较清楚地看到了毛泽东、刘少奇、周恩来、朱德等党和国家领导人。游行方阵通过西观礼台，改为便步走，兴奋不已的同学们开始兴高采烈议论起，刚才见到了毛主席！大家沉浸在幸福之中。③

11 月 3 日是北京电力学院五周年校庆，同样是 1963 年在校学生们印

---

① 王大有：《北京电力学院札记——我的大学》，转引自华北电力大学党委宣传部《华电记忆》第三辑，2016，第 156 页。

② 孟昭朋：《华北电力学院院史》，华北电力学院，1988，第 34 页。

③ 王大有：《北京电力学院札记——我的大学》，转引自华北电力大学党委宣传部《华电记忆》第三辑，2016，第 157、158 页。

象深刻的时刻。校庆活动组织得简朴，学生们从半个月前的教学楼前通告板上看到了通知，院庆具体活动有全院师生大会、播放电影、文艺汇演等。院庆当天，校门口高高飘起四个喜庆大气球，教学楼门前挂上了喜庆的红布标语“热烈庆祝北京电力学院建院五周年”。不过学院在下午3点前仍然正常上课，下课后师生们才聚集起来。在主会场学院的大阶梯教室，过道里和最后边增设了许多椅子，可以容纳700多人，在这里就座的有学院邀请的贵宾、部分教职员工，以及1959级、1960级的学生。其余人员分散在安装有扩音设备的教室、教研室里，收听院庆大会的实况。

副院长董一博主持院庆大会，介绍了主席台的各位贵宾：水利电力部副部长冯仲云与部里有关领导，技术改进局等在京企事业单位领导，兄弟院校领导，以及北京电力学院领导班子成员。在院庆大会上，院长杨继先报告回顾了北京电力学院的建院艰辛，汇报了学院发展前景、办学理念宗旨，期望学生们成为未来的电力专家，为社会主义建设贡献力量。杨继先特别告诉大家一件喜事：学院已经基本完成征地工作，储备了一些建材，1964年“五一”之后要开始扩建，增加一栋电力教学楼、两栋宿舍楼及其他设施，1970年以后要实现在校生总数扩大一倍，达到2500人，比现在增加一倍。杨继先特别提出了学院的理想：20年之后，建设成为专业齐全、在校生达2万—3万人的大学。院长的报告，令与会者很是振奋。①

院庆大会最后是冯仲云讲话。他的讲话十分精彩：

> 我们把脑袋掖在裤腰带上干革命，为了什么？不就是要推翻三座大山，建立新中国，建设社会主义社会吗！什么是社会主义社会？列宁说过，社会主义社会就是苏维埃政权加电气化。政权我们有了，国家电气化靠谁？电力工业是国民经济的先行官，党中央、部党组都非常重视高等教育，北京电力学院是水利电力部直接管理的高等院校之一，是宝贝疙瘩，电力事业的未来要靠你们，你们将来都是领军

① 王大有：《北京电力学院札记——我的大学》，转引自华北电力大学党委宣传部《华电记忆》第三辑，2016，第160—161页。

人物！

冯仲云还特别谈到了“又红又专”，他说：什么是“红”？听毛主席的话，跟共产党走就是“红”，我们不缺“红”的人才，但缺“专”的人才。钱学森回国，毛主席说一个钱学森抵五个师，可见“专”太重要了。百“红”易得，一“专”难求，北京电力学院就是培养电力方面专门人才的地方，能不能也培养出一个“钱学森”，或培养一些抵一个师、一个旅、一个团的人才？[①]

二　办学规模压缩，特色专业划出

1964年，意外的情况打断了北京电力学院的发展势头。

在1964年5—6月的中共中央北京工作会议上，根据当时国际形势。毛泽东提出把全国划分为一、二、三线的战略布局，其中重点建设好“三线”这一稳定巩固的后方。在1965年6月，毛泽东就国家计委“三五”计划初步设想提出指示，要求一是老百姓这里不要丧失民心，二是做好打仗准备，三是防备灾荒。1965年8月，周恩来在国务院的一次会议中，将毛泽东的指示凝练成为“备战、备荒、为人民”的口号。随着全国备战计划的开展，“备战、备荒、为人民”的口号妇孺皆知。[②]

北京作为首都，在未来战争中很可能是敌方首要攻击对象，为此，北京的备战工作要求格外严格。在京高校和科研机构不得不考虑，要不要压缩基建规模，甚至迁移到内地。在这种情况下，北京电力学院的征地工作和建设的外部环境剧烈变化了。北京电力学院的征地开展不下去，甚至学院的邻居水利电力部技术改进局（1964年8月发展为电力科学研究院）也不得不迁移了部分机构去西安。于是在1964年5月，师生们看到了一个沮

① 王大有：《北京电力学院札记——我的大学》，转引自华北电力大学党委宣传部《华电记忆》第三辑，2016，第160—161页。

② 廖述江：《“备战、备荒、为人民”口号的由来和历史演变》，《党史文苑》2006年第13期。

丧的场景，北京电力学院的扩建项目非但没有按期开工，反而眼见着下马了。一车车运进来后囤积起来的钢筋、水泥等建筑材料，又被一车车运了出去。①

大部分师生不了解的是，事情不止于停建新项目，还要继续大幅压缩学院规模。水利电力部要求北京电力学院办学规模缩小到1200人，即只有原规划的一半。水利电力部教育司的初步方案，是希望北京电力学院在北京的专业调整上，作大幅的改变，仅仅保留下来电力和动经两个专业，支援贵州工学院热动、电厂化学这两个专业，之后没有电力相关专业的贵州工学院也归属水利电力部直接领导。北京电力学院则考虑认为，这种方案对于学院损伤太大，如果强行调整，北京电力学院就难以是一个完整的学院了。所以北京电力学院明确向水利电力部表态不同意，最终争取保留下了完整的学院。②

虽然如此，压缩规模的任务仍需要完成。经过反复斟酌，学院考虑迁出电厂化学专业。电厂化学专业在北京电力学校时期，就已经是学校里的特色专业，也在行业内有着很大影响，在水处理等方面有顶尖的专家。武汉的武汉水利电力学院则有一个分析化学专业，水利电力部更容易接受迁出去合并到武汉，共同办一个电厂化学专业。但是人数上仍然要减，学院进一步考虑了高电压专业。由于高电压专业对实验地点要求严格，需要专门的高压大厅，目前征地困难，周围又有居民区，因此北京电力学院经过认真讨论，决定把高电压专业也迁移到武汉水利电力学院。这一方案获得了水利电力部的认同。

但是那么多专业，你要在这么一个小地方来办就太困难，所以（1964年）不得已把电厂化学跟高压专业并到了武汉水利学院。武汉

---

① 王大有：《北京电力学院札记——我的大学》，转引自华北电力大学党委宣传部《华电记忆》第三辑，2016，第160—161页。

② 高之栋：《走在学校发展的关键节点上》，转引自华北电力大学党委宣传部《华电记忆》第二辑，2015，第29页；《高之栋口述》，华北电力大学档案馆音频资料，笔者整理。

水利学院在我们这两个专业并过去以后，改成武汉水利电力学院（1959年已更名为武汉水利电力学院），就是也加了电的专业，加了电厂化学。电厂化学为什么搬过去呢？也因为电厂化学相对来说是个次要专业，咱们学校也舍得放；另外一个就是武汉有个分析化学专业；部里意见，说两边一个学校办电厂化学就行了，那这样的话我们说那就调过去。高压专业本来我们是舍不得放弃的，但是当初受限于盖房的条件。因为搞高压专业要在高压大厅，高压大厅离市里的居民区很近，这个就有点限制，所以发展起来困难也比较多，所以大家就说那不得已就把这个专业弄出去算了。所以这样子调整两个专业到了武汉，学校规模又从2000人缩到1000多人，规模又缩小了。①

1964年12月至1965年1月，北京电力学院高压和电厂化学两个专业的62名教职员工，以及两个专业的1960级至1964级的5个年级321名学生，整体转入武汉水利电力学院。从此，北京电力学院少了两个骨干专业，学科结构发生了严重失衡，发展出现困境；但是武汉水利电力学院实力大增，扩充了学科。② 从空间上来看，没有足够的地方发展学院，实属无奈之事。

被动转出两个专业，对于学院上上下下的影响很大，导致原来的基础电厂化学专业没有了，后来增强的支柱力量高电压也被挖走，造成了明显削弱，影响了北京电力学院的发展。

所以这么一弄，学校原来基础的化学专业弄走了，后来增强的支柱力量电力高压专业也给弄走了，它实际上不是发展，而是一种削弱，否则的话，我觉得北京电力学院还能发展得更壮大。③

---

① 《高之椤口述》，见华北电力大学档案馆《口述》第一辑，2021，第192页。

② 崔翔、陈泓佚、焦天予、关阳晨：《华电校史中的高电压技术专业》，转引自华北电力大学党委宣传部《华电记忆》第六辑，2019，第67页。

③ 《孟昭朋口述》，见华北电力大学档案馆《口述》第一辑，2021，第150页。

多年以后，戴克健还感到惋惜：

> 说实话我们很难理解。学院处于初创阶段，迫切需要各专业的密切配合，高压专业的服务对象是电力系统，离不开电力专业。武汉水利电力学院电气部分薄弱，高压专业调到那儿，将受到很大的损失，而我院调走两个专业后，每个系只有一个专业，基建规模也遭到了大量削减。①

北京电力学院做了大量工作来稳定大家的情绪，甚至从被迫搬运出去的建材中留下部分水泥，在 1965 年建了一座游泳池，以便利师生健身。②暑假里，在教工食堂南边的空地上，师生员工用人力开挖起了游泳池，大家劳动的场面热火朝天，甚至有的教职工家里的小学生也提着家里的篮子跟着大人，沿着斜坡把土从坑底运到地面。游泳池建成开放的那一天，大家挤满了游泳池，享受着自己的劳动成果。后来很长的一段时间，这个游泳池都成了学院师生们，包括教职工子弟们最重要的娱乐场所。③

三　参加政治运动

1963—1965 年，中共中央决定开展社会主义教育运动，在城市开展“五反”④，在农村开展“四清”⑤。1963 年 4 月，北京电力学院党委传达了市委扩大会议精神，成立了学院“五反”领导小组，继而各系也成立了“五反”工作组，学院师生在 10 月底之前开展了群众运动，其中一个中心

---

① 戴克健：《我与华电》，转引自华北电力大学党委宣传部《华电记忆》第二辑，2015，第 10 页。

② 王大有：《北京电力学院札记——我的大学》，转引自华北电力大学党委宣传部《华电记忆》第三辑，2016，第 160—161 页。

③ 张一工：《我与华电——我在华电的 5 种身份与 N 个记忆片段》，转引自华北电力大学党委宣传部《华电记忆》第三辑，2016，第 121 页。

④ 反对贪污盗窃、反对投机倒把、反对铺张浪费、反对分散主义、反对官僚主义运动。

⑤ 农村的“四清运动”开始以“清工分、清账目、清仓库和清财物”为主，后期发展成为“清思想、清政治、清组织和清经济”四个方面。

工作是反浪费，此外还重点进行了查漏洞、查原因、查去向的“三查”活动。10月之后，活动进入了“自我教育”阶段，学院领导干部带头开展“洗手洗澡”的自查，动员师生跟进，最后学院里有千余人交代出“包袱”2000多件，交代人数比例占到参加运动人数的88.5%。最后，持续约一年运动完结时，核实了案件28件，落实了问题人22人。[①]

1964年1月，根据北京市委的指示，学院制订了《部分师生参加农村社会主义教育运动工作计划》，组织了两个工作队到北京郊区农村参加“四清”工作。第一个工作队有219人，副院长董一博带队，从1月15日到2月20日参加了怀柔县嗽叭沟门等7个公社的“四清”工作。第二个工作队有211人，副院长梁超[②]带队，从2月24日到4月4日参加了昌平县昌平镇等3个公社的31个生产大队的“四清”工作。两个工作队人数达430人，工作时间都超过了一个月，在此期间，参加者无论教师还是学生，工作学习都停止。因为上级又对高校参加社会主义教育运动有了更高要求，从1964年1—9月，学院组织了将近600名师生参加了“四清”运动，在1965年陆续参加的师生又有300余名。参加政治性运动，开展“阶级斗争”，逐渐成为压倒一切的任务，逐渐向支配全局的方向发展。[③] 这些师生在参加运动期间只能停了工作、停了学习，教学、科研受到极大影响。教学本身也发生了一些变化，核心是减少课程，增加劳动和实习。

1964年2月13日，毛泽东在一次教育工作座谈会上，对高等教育提出了缩短学制、压缩课程、改进教学方法和考试制度等方面的指导意见。3月高等教育部传达了这一指示，同时提出了教育工作要进行四个方面改革的努力方向。5月，北京电力学院认真贯彻毛泽东的指示和上级的改革要求，成立了3个教学改革小组，从考试方法、精选内容与教

① 孟昭朋：《华北电力学院院史》，华北电力学院，1988，第38页。

② 梁超，1920年生，河北高阳人，1938年参加革命后曾任高阳县民教科科长、县政府秘书，华北人民革命大学班主任，中国人民大学贸易系副主任。1953年转入电业部门工作，历任燃料工业部电业管理总局中心试验所副所长、电力工业部技术改进局副局长、北京电力学院、华北电力学院副院长等职。

③ 孟昭朋：《华北电力学院院史》，华北电力学院，1988，第38—39页。

学方法、课程设置与学时数三个方面开展教学改革，并在8月之前在各个专业对课程、学风和考试办法等方面进行探索，学院领导也到教研室、班级蹲点促进改革。11月学院还举办了教学改革经验交流会，会后向全院印发了由7篇报告论文汇集而成的《教学法经验交流会文件汇编》。[①]从实际教学改革看，有了以下的变化：在改革考试方法方面，选择了10门课程，试行了开卷考试；凝练了教学内容，削枝保干，希望学生更多培养独立思考能力；各专业均进行了课程的精简；扩大了实习场所以加强实践教学，确定了华北地区10个、东北地区9个单位在内的20多个单位作为实习场所，组织学生到北京、天津、河北、山西等地的16个单位参加生产、科研实践；组织到华北、东北等地走访209名毕业生，开展毕业生基本情况调查。[②]

1965年7月3日，毛泽东针对《北京师范学院一个班学生生活过度紧张，健康状况下降》的报告作出指示："学生负担太重，影响健康，学了也无用。建议从一切活动总量中，砍掉三分之一。"[③] 这就是"七三指示"。高等教育部组织召开了多次座谈会，部署如何落实。学院也在积极响应指示精神，号召全院上下以贯彻"七三指示"为中心，围绕"少而精"教学法开展各项研讨活动，之后进一步落实。在减轻学生负担方面，要求教师们树立德智体全局、各课程全局的观念，做到将"少而精"原则落实到每堂课、每个环节、每周教学安排上，称之为"三落实"。在专业、年级上设立年级工作组，平衡管理学生德、智、体全面发展，规定课外活动一般情况不得超过6小时，压缩学生干部兼职时间，严格作息管理，保障体育锻炼的时间。在教学方法方面，重视采用启发式及直观形象的教学方法，要求讲练结合、问答结合。压缩课程内容，压缩学时，更多考虑生产实际和专业的需要。号召机关实行革命化，要

① 孟昭朋：《华北电力学院院史》，华北电力学院，1988，第39页。

② 朱常宝主编《华北电力大学校史（1958—2008）》，中国电力出版社，2018，第18页。

③ 《毛泽东同志论教育工作》，人民出版社，1992，第288页。

求学院的干部们半日劳动，到现场办公，在基层蹲点。[①] 当时《毛主席语录》风靡国内，大家课堂教学中，也在“活学活用”。大家上课时，积极将上课内容与《毛主席语录》联系起来，努力找到几句话，能在上课时结合着说。为了做好这个工作，学校还组织教师去解放军的军校课堂观摩学习，解放军教员将《毛主席语录》与讲课内容结合得挺自然的，启发了大家，大家认真跟着学习了起来。[②]

1965 年 12 月，毛泽东在杭州一次会议上对现行教育制度表示了疑虑。1966 年 3 月，他在杭州举行的中央工作会议上继续谈了相关想法。一系列的谈话与批评，使得高等教育部等相关负责人如坐针毡，加快推进了教育的变动，在 1966 年 4 月仅关于高考的座谈会就开了 10 余次。7 月 24 日，最新的《关于改革高等学校招生工作的通知》决定，暂停了全国统一高考，同时规定从 1966 年开始，高校的招生要通过推荐与选拔相结合，不再实行考试。[③]

综观北京电力学院这一时期的融合发展、压缩规模和专业划出，有两点值得注意。

一是 1961 年，哈尔滨工业大学三个专业的教师、学生连同部分教学设备一起并入，为成立仅三年的北京电力学院带来了成熟的教学体系、优秀的教师、良好的生源以及承担的科研项目、重要的社会资源，更带来了先进的教学理念、理论结合实际的学风，快速提升了电气工程学科的教学科研水平和学术影响力；开了北京电力学院高压专业本科生和研究生教育的先河，使其在 20 世纪 60 年代初开始有高压专业毕业的本科生和研究生；建设高压实验小楼，为该校改革开放后恢复高压专业奠定了基础。遗憾的是，刚刚过了三年，北京电力学院两个专业又成建制转入武汉水利电力学院，从这所学校长远发展角度看，对其特色专业发展和提升都是一个难以弥补的历史遗憾。

---

① 孟昭朋：《华北电力学院院史》，华北电力学院，1988，第 41 页。

② 《曾闻问口述》，见华北电力大学档案馆《口述》第一辑，2021，第 252 页。

③ 李雄鹰：《高考评价研究》，华中师范大学出版社，2016，第 80—81 页。

二是1964年，中央提出三线建设的战略决策，对这所学院的巨大影响。三线建设的决策，是党和国家出于备战的考虑实施的重大规划，准备在三线地区建设相关的战略后方工业基地。而这个战略后方工业基地，需要高等院校和科研机构的支撑，一些高校被列入三线建设的有机组成部分。新中国的三线建设，是在备战压力之下的主动内迁，也主动实现了国家经济建设和高等教育的布局的调整。

第五章　猝然出京和寻址保定（1969—1970）

20 世纪 60 年代，中国的周边国际环境日益恶化，特别是苏联在中苏、中蒙边境陈兵百万。面对这些情况，中共中央在有关决定中指出，在一线的全国重点高等学校和科学研究、设计机构，凡能迁移的，应有计划地迁移到三线、二线去。具体到北京电力学院，划出两个专业给武汉水利电力学院，其他专业也要迁往他处办学，以及随之而来的“文革”，使这所新成立的大学面临更大的挑战。

第一节　国内政治运动与周边国际环境日趋紧张的双重变奏

1965 年制订国民经济“三五”计划（1966—1970）是当时形势下的产物，政府建设的指导思想已经向以战备为中心转移，这一变化对当时影响很大。在电力工业方面，新制订的电力工业第三个“五年”计划，也突出战备，明确规定首先供应好国防尖端、基础工业的电力需要，而且要根据分散、隐蔽、进洞的原则，为战备兴建新电厂。同时也要求为第四、第五个五年计划实现农业电气化而奋斗，在技术上赶超世界先进水平，等等。[①] 这个计划目标定得太高，而 1966 年开始的“文化大革命”核心是突出政治，加强备战，抓革命促教改，实则是一场动乱，学校停课，一大批

① 本书编委会编《电网运营模式创新与深化改革实务探索》，经济日报出版社，2017，第 166 页。

优秀的教职员工被打倒。

1969 年 5 月，北京电力学院调整了领导机构，成立了政工组、办事组、后勤组和“教育革命领导小组”。继而全院师生进行了军事化编制，分成 8 个连、21 个排，师生混编到不同的专业连、排，或者教育革命小分队，并在之后开展了 3 个月的“教育革命”的实践，所去地点是北京钢厂、东郊热电厂、东方红炼油厂等十几处实践地点。[①]

持续开展的“教育革命”，在注重“提高学生政治思想觉悟”的同时，学院的专业人才培养难以落实。更为严重的是，1966 年起，北京电力学院根本没有招收新生。[②] 由此，学院的主管部门一度提出了“学院还办不办”的严峻问题。1969 年 1 月 16 日，驻校工宣队、军宣队、学院革委会就此上报了《关于我院教育革命的初步意见》，认为北京电力学院是工科大学，属于“要办”之列，我国电力水平比较落后，还需要更多的电力技术人才，所以要办。对于未来如何办学，学院在 1969 年 4 月、9 月，先后又向主管部门呈送了《北京电力学院体制改革的初步方案》《社会主义电力学院如何办》两个报告。这些报告都提及一个内容，就是在新形势下，学院应迁至距工厂较近地点，以有利于工厂管理学校，有利于教育、生产和科研。

第二节　京校外迁背景下迁校河北

1969 年 10 月 26 日，中共中央发出《关于高等院校下放问题的通知》。一批大中城市的高等学校被外迁，更多的高等院校则在农村设立战备疏散点。

一　北京水利水电学院迁至河北省岳城水库

参与到外迁活动的不只是高校，以水利电力部在京直属科研机构水利

① 孟昭朋：《华北电力学院院史》，华北电力学院，1988，第 49—50 页。

② 这种情况一直持续到 1971 年，见本书附录六。

水电科学研究院和电力科学研究院为例，1969 年底，两院一律下放，接受“贫下中农再教育”。这些人员下放后，整个科研工作受到很大损失。到 1975 年成立规划设计院时，费了很大力气才重建华东、西北三个水电勘测设计院，收回的技术干部不到 2000 人，这一数字比当时下放的约 2500 人明显减少。[①]

相对而言，高校的外迁规模更大。1969 年，北京市原有的 46 所高校中，其中以地矿、农林院校为主，有 13 所外迁，后人称之为“京校外迁”。这些学校迁往各处，中国科学技术大学 1969 年迁至安徽安庆（后在 1970 年改迁至合肥），北京建筑工业学院迁往湖南常德，北京轻工业学院迁到陕西咸阳，北京石油学院迁到山东东营胜利油田，北京地质学院迁到湖北省江陵，北京矿业学院迁到四川合川。

与北京电力学院性质相近，同属水利电力部的北京水利水电学院，迁到河北省邯郸市岳城水库。1970 年 3 月 20 日，水利电力部军管会发文后，北京水利水电学院被移交给了河北省。

因为两校的性质相近，搬迁的地点都是河北南部，地址又有交集，办学也互相影响，故此处先介绍北京水利电力学院的搬迁。

二　匆忙搬迁带来的严重损失

搬迁是很匆忙的，1969 年底，北京水利水电学院接到命令搬迁第一批人，今天接到通知，明天就必须离开。加之北京水利水电学院革委会的主任是炮六师师长，他以军人的方式坚决执行任务，雷厉风行地推动了北京水利水电学院的搬迁。教职工及家属分批乘火车搬到岳城水库的几个点，留在北京校区的仅有留守处的几个人。但是这次迅猛的搬迁，未尝不是一个学校的劫难。实验室大部分仪器设备在运输途中损害严重，搬到岳城水

---

① 本书编委会编《电网运营模式创新与深化改革实务探索》，经济日报出版社，2017，第 169 页。

库后又无处安放，被堆放在一座破礼堂里。①

北京电力学院的孙国柱在出差到岳城水库时，就见到了这一幕：当天瓢泼大雨，北京水利水电学院的精密车床无处可藏，就在水库边露天被大雨浇着。孙国柱曾经作为水利电力部派驻北京水利水电学院“四清”工作组成员之一，到北京水利水电学院参与过工作一年，当时见到的这些精密车床，很羡慕，感到比北京电力学院的车床要精密得多。还有，他感到这所学院两个大系的系主任都是留学苏联回来的，学院的留学生也有四五十人，早晨出操看到白人、黑人留学生都有。相比之下，同期的北京电力学院还做不到这些，留学生也只有少数几个越南、朝鲜的留学生。②

孙国柱所说的留学苏联的系主任，其中之一是1957年毕业于苏联莫斯科水利工程学院的南新旭，他的父亲是中国人民银行第一任行长南汉宸，回国后南新旭创办了北京水利水电学院的水利工程机械专业。

令人可惜的是，还不只这些硬件损失。在北京水利水电学院教师顾慰慈的记忆中：“临时钉的木头箱子，放不下多少书。床上满满的书，只能扔了一大半。书稿也都扔了。”特别可惜的是，他参加的联合水利科学研究院、北京水利水电学院和华东水利学院组织合编的《水利水电工程名词词汇》一书，他自己已经写了近10万字、好几百页，但是这样的厚厚的一摞啊，全丢了！③

水利电力部水利水电科学研究院在搬迁中的损失，并不比北京水利电力学院小多少。水利水电科学研究院当时人员素质和科研水平不仅能在国内领先，有的方面甚至可以接近世界先进水平，1960—1966年完成的科研等任务就有1100多项。但是1969年的疏散，导致水利水电科学研究院80%的科技人员被疏散，1800平方米花费数百万元、国内一流、亚洲领先

① 院史编写组编《华北水利水电学院院史（1951—2001）》，陕西人民出版社，2001，第37页。

② 华北电力大学档案馆：《口述》第一辑，2021，第64页。《孙国柱口述》，华北电力大学档案馆音频，笔者整理。

③ 《写实顾慰慈先生》，转引自华北电力大学党委宣传部《华电记忆》第一辑，2013，第76页。

的水工试验厅被弃置。水利水电科学研究院和被疏散的高校的命运类似，不仅事业发展受到了严重影响，而且在世界电力建设的又一个发展时期，我们与发达国家原本可以缩短的科技水平差距又被拉大了。[①]

三　北京电力学院也搬到岳城水库

北京水利水电学院的雷厉风行改变了北京电力学院的命运。部里有关北京的两所大学的去向的一个讨论会上，大家对于北京水利水电学院的去向，达成了高度一致，去岳城水库毋庸置疑。但是对于北京电力学院的去留，一开始并没有明确意见。火电毕竟与水电有所不同，是不是两所学校都出去，大家的想法也不一。后人的回忆有关于这次会议，有了两个说法。

一个说法是会上北京电力学院革委会副主任王克——一名军队转业而来的干部，在听到部里要求北京水利电力学院搬迁到岳城水库的决定后，讨论中嘀咕了一句“要不我们也去岳城?”与会者也就顺水推舟，同意了这个想法，然后稀里糊涂地，北京电力学院的命运被决定了。以上这个王克一句话导致搬迁的说法，听闻者不少。[②] 而另一个说法则是，王克并不是主要领导，只是一个负责的副职干部，在当时很讲政治的氛围下，不可能一个参会的副职干部在没有请示学院主要领导并得到明确授意后，就敢于表态。[③]

很可能或者是水利电力部的明确决定，或者是学院主要领导、当时学院革委会的负责人的讨论决定。有可能水利电力部的决定因素更大，因为从后期的学院革委会主任、解放军炮六师政委甄济培[④]的稳健表现来看，

---

① 中国电力企业联合会编《中国电力工业史（综合卷）》，中国电力出版社，2021，第207页。

② 高之栋：《走在学校发展的关键节点上》，转引自华北电力大学党委宣传部《华电记忆》第二辑，2015，第29页。

③ 笔者采访几位老干部时，印证了这个说法。

④ 甄济培（1923—2019），男，河北唐县人，原北京军区炮六师政治委员。1938年只有15岁时参加八路军，历任通讯员、班长、排长、教导员、团政委、师政委等职，参加过百团大战等著名战役。后人回忆，他在任北京电力学院革委会主任期间，为稳定学院秩序、维护学院发展作出特殊贡献。

他个人未必愿意主动提出跟着搬迁到岳城水库。

不论是谁决定的，命令开始下达，在1969年底北京电力学院必须进行彻底的搬迁。学院的师生员工要搬往岳城水库住下，岳城水库容纳不了的则派去邯郸电厂、马头电厂、峰峰电厂先住下。一边搬迁，一边继续开展“教育革命”等工作。[①] 搬迁后的空荡荡的新建校园，留给了部队的有关单位进驻。

相对于北京水利水电学院的雷厉风行，北京电力学院的搬迁工作有些慢慢吞吞。这与岳城水库的工地厂房、棚子等已经大量被北京水利水电学院占用，暂时没有房子、无地可去有关；也与北京电力学院的时任军管会主任、炮六师政委甄济培的个人因素，以及学院的相关主要领导干部的考虑不无关系。既然暂时没有去处，则只能慢一点了。

> 当时水电部在北京办了两所大学，一所是北京电力学院，在四拨子；一所是北京水利水电学院，在西郊。办了两所大学，但是不久就赶上战备搬迁。但是当时来讲呢，全国属于军管，军事管理，正好这俩学校由一个部队来管，可能叫炮六师吧，我记不太清了。师的政委叫甄济培。西郊水电学院的负责人、军管会的负责人是炮六师的师长；我们电力学院的负责人是甄政委。军管那个时候学校的领导就是军队，学校的党委、校长跟没有一样，不管事，他们说了算，学校都是这样。说搬到岳城，说走，走，不走也得走，就是这么雷厉风行。……搬迁到岳城是由军管会组织的，军管会的主任，他们的主任是师长，他是雷厉风行；我们的主任是甄济培政委，做事温和，他总是柔着干。[②]

虽然比北京水利水电学院搬得慢一点，同样要搬，还要尽快搬。10月

① 《高之樑口述》，华北电力大学档案馆音频资料，笔者整理。《高之樑口述》，见华北电力大学档案馆《口述》第一辑，2021，第193页。

② 《孙国柱口述》，见华北电力大学档案馆《口述》第一辑，2021，第61、64页。

22 日，北京电力学院接到疏散指示后，成立了先遣、政工、指挥、物资保障四个组，开始组织起来。师生们都接到命令，要在一周内搬迁到邯郸岳城水库。学生们都接到任务，分别帮助系里和学校机关做搬迁准备工作。当时的一名学生王永干回忆：

> 学生们到处去找稻草和木板，木板用来钉成箱子，稻草用来搓草绳，教室里全是稻草，一连搓了几个晚上都没有休息。而后，我们先把自己的行李、破箱子捆了捆，然后就帮着老师们打包、捆箱子，装箱后还要一件件拉到清河货运站去。那时，我虽然是学生，但作为学生代表担任院革委会委员和系革委会副主任，什么都要带头干，大家真是不知道累，而且天天干这么累的活，每顿就是啃两个干馒头、吃口咸菜。①

时为教师子弟的张一工也曾回忆：记得搬迁前大约半个月，同为电力学院教师的父母就不上班了，整天在家里收拾整理，为搬家做准备。家里遍地都是用来缠在家具外面作为防护的草绳子，为了省点钱，家里人还用稻草自己搓草绳。②

11 月 7 日，学院举行全体师生员工的疏散搬家思想动员大会，并起运了第一个车皮的搬家物资。从这一天起，北京永定门火车站安排了二十几个车皮，帮助搬运设备物资。12 月上旬，学院基本完成设备物资搬运，学生到达了邯郸，教师们也到达了岳城水库为主的目的地，疏散和临时安置告一段落。最后，484 名学生和 300 多名教职员工，连同家属近千人，全部分散到邯郸岳城水库，以及邯郸、马头、峰峰三个电厂。主校区放在了岳城水库，学院革委会和军宣队机关就设在岳城水库边的工棚里。③

---

① 王永干口述，丁清整理《我在华电的激情岁月》，转引自华北电力大学党委宣传部《华电记忆》第五辑，2018，第 1 页。

② 张一工：《我与华电》，转引自华北电力大学党委宣传部《华电记忆》第三辑，2016，第 121 页。

③ 孟昭朋：《华北电力学院院史》，华北电力学院，1988，第 50 页。

北京的校园里，一些设备不容易搬运也不舍得运输中被损坏，加上还有一个校办工厂在，就成立了一个北京电力学院留守处，暂时留下了校办工厂职工 33 人、个别老弱病残教职工在内的 50 多人的小队伍留守和善后。[①] 这支小队伍坚守的时间很长，这点人员和未上交的房子，后来成了培养研究生的研究生部，从而成为返回北京的唯一一个桥头堡。从以后的学院变迁来看，这个桥头堡在成功返京、扎根发展中起到了至关重要的作用。

搬迁中，大人们的心情和孩子们的心情是不一样的。同样是乘着绿皮火车出发，一路上师生们的心情总体上不太好，不舍得这所校园。但是幼小的教职工子弟们的心情则不一样，他们跟着大人们坐了十来个小时的绿皮火车，到了位于河北省南端的一个“讲武城”小站，再乘敞篷大卡车走了十几千米奔向岳城水库，孩子们很兴奋，期待着水库里逮鱼抓虾的快乐生活。到了岳城水库之后，他们也感到很有趣，因为对于没有见过海、没见过其他大水库的孩子们来说，岳城水库有着他们有生以来见过的面积最大的水面。[②]

对于这次搬迁，学生家长的心情也比较复杂，有离别的不舍，也有对未来的担心。水利工程学家、清华大学原副校长陈士骅，曾将《西线无战事》译成中文，他擅长书法、绘画、诗词，《陈士骅诗集》收录了 682 首诗，其中就有一首 1969 年送长子陈浩的送别之诗。陈浩是北京电力学院的一名学生，他在 1969 年 12 月 8 日离开北京家中，随学院迁往邯郸岳城水库。而 1969 年初，他的另外一个儿子也离开家中。在这首《送浩儿随校迁邯郸》的诗中，他写道：

一年辞家两弟兄，小斋依旧榻空横。

乱离最是伤人意，独坐桥头听水声。

---

① 朱常宝主编《华北电力大学校史（1958—2008）》，中国电力出版社，2008，第 33 页。

② 张一工：《我与华电》，转引自华北电力大学党委宣传部《华电记忆》第三辑，2016，第 121 页。

朝辞燕山夕太行，世道于今倍仓黄。
卅年恋巢才振翼，抖擞精神快远扬。
巍巍城廓赵邯郸，武灵尤遗箭镞寒。
休道乡愚无足法，响堂胜迹耐人看。
逝水滔滔古漳河，邺令宏图百世多。
韶光不留速振奋，莫待衰残唤奈何。①

搬迁对这所学校以及每一个人，都是一次大变化。事后回想，如果高校搬迁再慢一些，拖得久一些，也是有可能不搬离北京的。因为到了1969年底1970年初，情况又有了微妙的变化。

1970年9月6日，党的九届二中全会公报对于“备战”明显松动。②这个改变是重大的变化。

虽然如此，在当时并没有停止高校的搬迁，战备依然在进行中。反映在电力行业就是“三线”建设依然在迅猛推进。1970年底全国的发电设备容量比1965年底增加了869.37万kW，整个“三五”计划期间全国发电设备容量年均增长率9.58%。特别的是“三线”建设迅猛增长，1965—1970年，“三线”地区发电设备比重从15.4%提高到了21.7%。1970年全国计划会议还继续要求“以阶级斗争为纲，狠抓战备，促进国民经济新飞跃”，并为全国电力工业提出新指标，在“四五”计划中年均增长要达到12%—13.7%。③

第三节　迁徙后的彷徨与迷茫：我们向哪里去

岳城水库位于河北省邯郸市磁县境内，地处该省最南端，水库坝长6000

① 陈士骅：《陈士骅诗集》，中国文联出版社，2003，第158—159页。

② 中共中央党校党史教研部编《中国共产党重大历史问题评价》（四），内蒙古人民出版社，2001，第2144页。

③ 本书编委会编《电网运营模式创新与深化改革实务探索》，经济日报出版社，2017，第168页。

多米，作为漳河上的控制工程，规模不算大，知名度也远不如在这条河上的另一项水利工程“红旗渠”有名。搬去之前，大家听说当时水库已建成，建设者们留下了很多空房子和工棚可以居住。有人还听说，这个水库建设工地还留有个火车设备厂，厂里有不少两米或四米长的小火车车厢，教职工可以一家分一个车厢居住。听上去还不错！

一　条件简陋到教学科研无法开展

到了岳城水库后，大家发现所谓的空房子和工棚早已被先来的北京水利水电学院占用了，传说中的小火车车厢也是子虚乌有。由于没有教室、没有图书馆、没有实验室，甚至院部办公、师生住宿的地方都十分困难，这时候北京电力学院遇到的不是教学活动能不能进行的问题，而是能否生存下来的问题。

后来在水利电力部和河北方面的协调帮助下，学院将学校指挥部设在了邯郸电力局，办公人员主要在岳城水库大坝附近的建库工地临时工棚落脚，教职工的家属们分散住在建库工地修配厂或其他工棚里。修配厂是检修窄轨小火车机车的工厂，这里没有可以住宿的车厢，有的教职工全家就容身在修配厂的平房之中，有的单身教工则被安排住在巨大的修理厂房中。大部分学生们和一些青年教师无处安置，只能分散安置在了三个电厂：动力系热力和热自专业学生分别安置在邯郸电厂和马头电厂，电力系学生则安置在峰峰电厂。①

在岳城水库的日子，相比于北京校区的生活，大家的境遇是一落千丈，很有些狼狈流离之感。过了些日子，就有了一些顺口溜被传播开来。如“远看是要饭的，近看是逃难的，仔细一看是电院的”。②

“远看是要饭的，近看是逃难的，仔细一看是电院的”，说的是大家逃

① 张一工：《我与华电》，转引自华北电力大学党委宣传部《华电记忆》第三辑，2016，第121页。

② 孟昭朋口述，丁清整理《无悔地与华电一同成长》，转引自华北电力大学党委宣传部《华电记忆》第三辑，2016，第3页。

难一般的搬家生活，从北京乘火车、转汽车，又步行，进入土坯房子凑合过日子的状况。但大家也发现了两大便利：一个是买布方便，在大城市有布票但不容易买到的布，在这里却容易买到；另一个是捉虾方便，人们到水库边水湾河汊，半天能捞到半盆河虾，回家炸一炸吃掉，虽然费了宝贵的油，但真是上等的美味，算是改善了生活。①

在这样的条件下，教学科研基本暂停了，没有停的是教职工子弟们的教育。为了不耽误教职工子弟们的学习，北京电力学院和北京水利水电学院联合为教职工子弟建立了子弟学校，几乎所有教职工子弟都进了这所学校。由于学生较多，北京电力学院的一些老师被派到这里教书。可能是刚搬迁过来，山高皇帝远的缘故，子弟学校受当时的运动冲击较小，教学比较正规。这里的教师们教学水平比较高，课程设置齐全，甚至音乐、体育课都比较规范。这一段日子的中学生活，成为教职工子弟记忆中难得的正规读书的一年。②

北京城里出生的教职工子弟对乡野中的岳城水库生活充满新鲜感和好奇，但是他们的父母们未必这么想，大人们对新生活的质量是难以称心满意的。待了不久，教职工们就有了惨兮兮的感觉。住在岳城水库工棚的人们，感受到了工棚建筑质量的低劣。土坯做的墙，苇席抹泥做成的平房顶，经过了风吹日晒已有了裂缝，遇到雨雪天气，墙体渗水、房顶漏水是常事，而且保温也差。大家刚来时已入冬，工棚里即使生了煤炉，温度也很低。旁边就是水库，潮气大，被褥受潮严重，有人形容潮湿得可以拧出水来，这样的被褥盖在身上到了夜里，冻得人们难以入眠。而且由于岳城水库地处山丘，距离城市还有几十里，大家购买生活日用品，只能去附近的农村供销合作社凑合着，如果有人生了病，进城看病也成为难题。而住在邯郸电厂、马头电厂、峰峰电厂的师生，也有另一种艰苦。如动力系有热自、动经两个专业的男生住在了邯郸电厂，这里没有床，大家只能在一

---

① 《孟昭朋口述》，见华北电力大学档案馆《口述》第一辑，2021，第152页。

② 张一工：《我与华电》，转引自华北电力大学党委宣传部《华电记忆》第三辑，2016，第121页。

个特别大的空旷厂房里打地铺，一个人一个人挨着席地而眠，条件简陋而且房间寒冷。

二 困顿岳城水库

1969年11月，来自北京的工宣队，被来自邯郸、马头、峰峰三个电厂的工宣队接替。11月22日，水利电力部军事管制委员会对北京电力学院革委会进行了成员的增补、撤换，学院革委会成员增补到23人。1970年初，学院革委会再次调整，由22人组成，主任是军代表炮六师原政委甄济培，副主任秦宝沧，另一名副主任由被启用的学院原领导林燃担任。学院的军工宣队在岳城水库，继续把学院师生分为三个队，机关后勤基础部是一队，动力系是二队，电力系是三队。搬迁之初的学校处于不稳定状态，因此军工宣队的重要任务是领导“斗、批、改”，“清理阶级队伍”，整党建党、恢复组织生活，开展教学等。住在电厂的学生们也是一边搞“斗、批、改”，一边下厂、下矿、下农村，参观、访问、听忆苦报告、参加劳动锻炼，接受工人阶级、贫下中农的“再教育”。在这样的情形下，仍有老师自己动手布置实验室，想办法坚持做实验，搞装备和样机。[①]

搬迁之后的生活相当混乱、不稳定。多年后，有人回忆，后来成为院士的杨奇逊认为搬迁是个历史的错误，在岳城水库，他曾公开说：“我不相信，我们会在这里一直待下去！[②] 但是诸事难料，北京电力学院差一点被再次合并。水利电力部曾考虑两所学校都来到了岳城水库，何不合并为一所学校来办学？为此水利电力部曾正式发文，并与河北省进行了沟通。

有一天，从北京出差回到岳城水库的学院中层干部孙国柱，一回到驻地见到北京水利水电学院的教职工，就特别清晰地感到，大家怎么今天对他格外热情。因为北京水利水电学院的朋友们见到他，个个要跟他拥抱，

① 孟昭朋：《华北电力学院院史》，华北电力学院，1988，第50—51页。《王援口述》，华北电力大学档案馆音频资料，笔者整理。

② 丁清：《一路潇洒走来的杨奇逊》，转引自华北电力大学党委宣传部《华电记忆》第三辑，2016，第29页。

很高兴，还喊起了口号。过了一会儿孙国柱才问清楚了原因，原来是北京水利水电学院的革委会主任、炮六师的师长，昨天半夜向北京水利水电学院的干部们宣布，北京电力学院与北京水利水电学院要在岳城水库合并。闻后很惊讶的孙国柱找到了北京电力学院革委会主任、炮六师政委甄济培：

> 回去我就（问）甄济培，他跟我还挺熟的，我说："甄政委，他们跟我说领导正式宣布合并两个学校，有这回事吗?"甄济培就捏着我的腿，不让我说，"他们说合你也别说不合，他们说不合你也别说合，你就说你不知道"。我心里就有数了，在咱们这儿来讲不合。实际上来讲，甄济培不同意两校合并。①

甄济培的态度非常关键，在当时组织体系下，如果甄济培支持合并，大概整个北京电力学院无人可以反对。组织之内，一切都要听从革委会主任指挥。甄济培的判断清晰，就是不能与北京水利水电学院合并，岳城水库无法办学，非久留之地。

接下来向哪里走？大家不明确，但是北京越来越难回去了。

1970年6月22日，水利电力部军事管制委员会宣布正式将北京电力学院交由河北省革委会领导。1970年7月中旬，北京电力学院的1969、1970两届毕业生在邯郸进行了毕业分配，除了留校20人以外，近500名毕业生被分配到了边疆、厂矿和农村中去，到"三大革命"第一线接受工农兵再教育。留在岳城水库的教职员工继续办工厂、农场，在工厂的继续参加劳动和调查研究。② 1970年11月24日，国务院机关事务管理局发通知，将北京电力学院的校舍（建筑面积31066平方米），拨给通信兵部使用。

这则通知，正式宣告了北京电力学院已没有了家园，在北京只剩下留

① 《孙国柱口述》，见华北电力大学档案馆《口述》第一辑，2021，第65页。

② 孟昭朋：《华北电力学院院史》，华北电力学院，1988，第51页。

守处人员一直占用的几间房。同时期北京水利水电学院的校址也被转为军用。

返京无望使得岳城水库北京电力学院教职工“人心思走”，越来越多的人以请假名义外出，不少还逾期不归，还有人在寻找各种理由争取调走。面对这种情况，1970 年 8 月 6 日至 9 月 10 日，学院开始抓思想政治学习，举办了“教工、干部毛泽东思想学习班”，一开班就学了一个多月。学习班一方面批评批判教职工中不良“活思想”，争取安定人心；另一方面集中学习清华大学“教育革命”经验，从教职工中征集了近 100 条办好新电院的意见，并汇总了一个《北京电力学院办校方案》。方案强调要以工农兵、革命技术人员和原有教师三结合，建立一支无产阶级教师队伍；专业上拟设置锅炉、汽轮机、热工测量与自动控制、发电、电机制造、电力系统继电保护自动化等六个专业，分为动力、电力两个系；彻底取消动经专业，考虑增设原子能发电专业；管理上仿行军队，六个专业成立六个连队，教师们除基础部教师之外，都分到各个专业连队之中；要求上好政治课，开好教学、科研、生产三结合的业务课，推行含有备战内容的军体课；生产劳动是各专业的必有内容，校办工厂是学院的重要组成部分，准备开设发电设备修造厂、自动化元件仪器仪表厂、可控硅元件厂、继电保护自动装置厂、热工自动装置与射流元件厂等。[①] 这个办校方案对于稳定集体起到了重要的指引作用，对于学院的教育教学和未来发展，其思考也有一定的可取之处。

第四节　新机遇：迁校保定

一　寻找新校址

学习班之后的稳定是暂时的，因为岳城水库不具备办学条件，学院教

① 朱常宝主编《华北电力大学校史（1958—2008）》，中国电力出版社，2008，第 34—35 页。

师干部希望寻找新校址、谋求新生活，这个才是根本之策。1970 年以后，战备不那么紧张，为学院迁出山沟提供了一定的客观条件。难得的是，甄济培支持大家的想法，一些干部也积极参与寻找新校址。有一种说法是学院一位院领导梁超，带着学院教务处处长翟东群到国家计委的有关部门，咨询北京电力学院的校址如何定？由谁来确定？国家计委相关部门反馈，你们下放到河北省了，那么地址由河北省来决定。因此，回到河北之后，学院就到石家庄联系到了河北省教育局汇报，请帮助协调决定。①

也有一个说法是甄济培和在邯郸做大机组技术革命的翟东群一起，乘坐学院唯一一辆破汽车，在邯郸的峰峰、武安等地寻找新校址。到了武安，甄济培感觉这个地方还可以，但是翟东群说不合适，他提出了自己的理论，说新校址的选择应该“五靠”——靠近城市、靠近交通中心、靠近经济中心、靠近工业中心、靠近大电网，符合这些条件，才适合办学。

甄济培认可翟东群的意见，于是学院继续寻找新地址。当时大家也尝试在大城市努力寻找过，如邯郸市内。大家认为如能待在邯郸市内也能接受，因为当时如果在岳城水库得了稍微重一点的病，都需要到邯郸，但是邯郸离岳城水库六十里，连个公交车都没有，交通困难，如果能到邯郸，就太好了。但是在邯郸大家四处拜访，没有结果。孙国柱回忆曾与翟东群在邯郸四处拜访，去邯峰安电业局联络局拜访局领导②，但都没有结果。甚至后来退而求其次，琢磨在磁县可否寻找个地点，但是磁县也不欢迎北京电力学院落地城区。③

翟东群回忆，当时找到了河北最大的中专学校河北机电学校，希望一起合并。这所学校建校于 1956 年，经历过承德、石家庄、保定、邯郸四地的迁校过程，当时总部恰好在邯郸，但是作为河北省最大的中等专业学

---

① 《高之樑口述》，见华北电力大学档案馆《口述》第一辑，2021，第 195—196 页。

② 邯峰安电业局：1962 年，河南省电力工业局划归水利电力部，并改称为中原电管局。在豫北与冀南范围内组建邯峰安电业局。安阳电厂、安阳供电所划归邯峰安电业局管辖。河南电力公司编《河南电网调度史》，中国电力出版社，2005，第 43 页。

③ 孙国柱口述，华北电力大学档案馆：《口述》第一辑，2021，第 62 页。

校，在校生逾千人，校名都是郭沫若题写的，[①] 这所学校也拒绝了北京电力学院。[②]

大家另寻他法。1970 年 7 月翟东群向北，去了石家庄继续找河北省教育局的局长，局长恰巧也姓翟，在石家庄的时候，翟东群几乎每天到他办公室去，说我们要换个地方，请他帮忙。翟东群还特别邀请这位局长到岳城水库去一趟。后来这位局长耐不住邀请，真的乘车到岳城水库。没想到局长的车子坏在了半路，翟东群趁机跟局长说：您看看，这种交通情况，怎么能办学？[③]

1970 年 9 月 30 日，翟东群去保定继续找这位局长，当时的保定作为前省会，大量干部还在此居住。下了保定火车站的翟东群，只知道这位局长可能在保定小北门一带居住，在这附近他找到了街头下棋的人问省里的干部住在哪里，有人指点了一个地点，竟然找到了这位局长！热心的局长提供了一个信息，问道："省人委大院这个地方行不行？就是跳伞塔底下那个地方，青年路原河北省政府的所在地。"局长还与翟东群讨论了学院的名称，说我们是河北教育局，管着你们的话，你们只能叫河北电力学院。当天翟东群就赶到了省人委这个地方，看到这个原来的河北省人民政府大院空着，特别满意，连夜就赶回了邯郸。走之前，特别请同去的一个系的党支部书记陈志业[④]，去商店买了一张红纸，写上大字"河北电力学院"，贴在了墙上，以示占用。翟东群等人回到学院之后，报告了甄济培，学院主要领导干部连夜开会，都同意这个方案。[⑤] 现在看来，北京电力学

---

① 邢台市教育委员会编《邢台市教育志（1251—1993）》，教育科学出版社，1998，第 137 页。

② 翟东群口述，华北电力大学档案馆音频，笔者本人整理。

③ 翟东群口述，华北电力大学档案馆音频，笔者本人整理。

④ 陈志业（1938—2002），男，河南遂平人。1958 年 9 月至 1961 年 9 月在哈尔滨工业大学电机系学习。1963 年 9 月北京电力学院发配电专业毕业后留校工作。1969 年 11 月至 1987 年 3 月先后担任电力系副主任、党总支副书记、院党委办公室主任、院长办公室主任、电力系副主任、电力系主任。1992 年任华北电力学院副院长。1993 年任华北电力学院院长。1995 年 7 月至 1998 年 8 月任华北电力大学副校长、党委委员、常委。

⑤ 朱常宝主编《华北电力大学校史（1958—2018）》，中国电力出版社，2018，第 57 页。翟东群口述，华北电力大学档案馆音频，笔者本人整理。

院能够从困守一个小县城，到忽然间占用了省政府大院，既是幸运，也是学院干部和教职工的不懈努力，还有甄济培的理解和决定。种种原因，造就了北京电力学院的历史机遇。

二　落户保定

保定市曾经是清朝直隶总督府所在地，直隶总督府门口两个高大的旗杆全城可见。1949 年之后，保定两度成为河北省的省会。

北京电力学院寻找校址过程中，恰好时间点在河北省放弃保定作为省会，且得到了认可之后，还有一个机遇，就是河北省高校资源元气大伤，需要高校能够留在河北。

1969 年 3 月 25 日，河北省革委会响应中央要求，撤离天津，发出《关于省驻津单位搬迁的通知》。共迁出 8 个工厂，7 个设计院和科研所，10 个仓库和供应站还有 5 个地质勘探安装单位及其他很多省直单位。在这一日期，河北省不得不丢掉了一些设在天津的高校，致使河北省的高校由 1965 年底的 18 所减少为 11 所，可谓损失惨重。此种情况下，河北省革委会欢迎河北大学从天津迁到保定，且留出最好的省委大院一带给河北大学。1969 年 11 月 27 日，为迎接河北大学，河北省革委会开会决定，不仅将高阳县城北关、原省财贸干校全部校舍和基地划过去，还把原河北省委、河北日报社、政协、药材公司、林业局、民主党派机关、社会主义学院、团校礼堂等全部房舍和基地，划归河北大学，以重点培养这所河北省唯一的综合性大学。①

相比之下，北京电力学院没有河北大学这样的好运气，但是已是很幸运，竟然获得了省政府（省人民委员会）原大院。这个大院子位于保定市北关的优势地段，东临建新街，西傍青年路，北邻国际体育俱乐部（有着高高跳伞塔的一所业余军体校），南接邮政机械厂，占地面积有 90 亩。有建筑面积 1 万多平方米，主要包括办公楼一栋，两小栋 L 形宿舍楼，还有

---

① 冯世斌主编《1952—1968 河北省省会变迁始末》，河北人民出版社，2012，第 218—219 页。

一座大礼堂和几排平房。总面积比北京电力学院的校园建筑面积小一些，但建筑的规范和质量很好。在搬迁完毕更名为河北电力学院之后，河北省的省、地、市领导还在年底参加了河北电力学院的开学典礼，向新入学工农兵学员赠送了毛主席著作。[①]

以上变化，可能还有其他的特殊因素。多年之后，北京电力学院的多位教师回忆，河北省的最终拍板决定很可能与刘子厚直接相关。刘子厚曾是中共湖北省委第二书记兼湖北省省长，三门峡工程局局长兼党委书记，中共河北省委书记处书记、第二书记兼河北省省长，在1968年新成立的河北省革委会中是省革命委员会第一副主任，到1969年4月他在党的“九大”上当选为中央委员。与刘子厚相关的第一个说法，是翟东群谈到的，从保定回到邯郸后他又去找到了石家庄，找到了河北省负责领导刘子厚，当时着急把省里的一个会都给“冲”了，由此受到省领导的重视和推动。[②]

第二个说法是刘子厚可能受到北京电力学院革委会副主任林燃的影响。林燃跟刘子厚熟悉，两人在三门峡水电站建设时期就认识，因此在北京电力学院的搬迁上，得到了河北省的顺畅协助。[③]

三　同一部属两校的不同命运

北京电力学院搬迁的好消息迅速传遍岳城水库。大家很高兴，感到这个好事是做梦都没想到的。“搬迁院校里，离北京最近的，就算我们了。因为（其他搬迁学校）起码到石家庄，或者像石油学院到山东东营，矿业大学开始到了四川，后来回到徐州，哪个学校都比我们远，所以开始的时候大家还是挺高兴的。”[④]

有的教师听到了可以搬迁的消息后，在身边还带着个五六岁孩子的情

---

① 冯世斌主编《1952—1968河北省省会变迁始末》，河北人民出版社，2012，第225页。

② 《翟东群口述》，华北电力大学档案馆音频，笔者整理。

③ 《孙国柱口述》，见华北电力大学档案馆《口述》第一辑，2021，第63页。

④ 《高之樑口述》，见华北电力大学档案馆《口述》第一辑，2021，第196页。

况下，连夜就打包好了行李，第二天就出发去保定了。[①] 对此，教职工子弟学校的学生却有着不同的情绪，北京水利水电学院的子弟有些“羡慕嫉妒恨”，北京电力学院子弟充满意外的幸福。一个北京水利水电学院的子弟口气神秘地对北京电力学院子弟张一工说：“你们电力学院要搬到保定去了!”还怪他这么好的事对好朋友保密。张一工很开心，但是之前真的对此事毫无所知。过了几天消息证实后，他就和大人们忙碌起来开始搬家。大家只用短短的三天时间就完成了搬家的准备，浩浩荡荡重上京广线，向保定出发，大家的心情与当时从北京来岳城水库完全不一样。[②]

在大家忙着收拾东西，准备搬家的时候，北京电力学院已组织了部分教职工，分成十多个小分队，开始在杂草丛生、房舍破烂的省人委大院忙活起来。[③] 1970 年 10 月 17 日，第一批主要由留校不久的新员工组成的搬家先遣小分队到达保定，之后的小分队陆续到达，经过两个多月的奋斗，大家先后完成了主楼、食堂、礼堂和部分家属宿舍的整修任务。在此期间，学院全院动员，用了一个多月完成集体搬家，30 多个火车车皮的物资设备运来了，41 户双职工家庭和 14 户单职工家庭到来了，除北京留守处的校办工厂、实验室设备没来，其他基本到位。而且没有了第一次搬家时的焦虑，心情愉快。[④]

1970 年 11 月，学院在保定召开了搬迁汇报总结会。1970 年 12 月 25 日，已经更名为河北电力学院的学院革委会调整了成员构成，21 名委员中，工、军宣队 6 人，“革命干部”5 人，教师 4 人，工人 3 人，学生 3 人。常委则由其中 9 人组成。[⑤] 1971 年 3 月，学院革委会再次调整为 19 人，工宣队队员由保定热电厂人员代替，军、工宣队领导人是：主任仍为

① 戴克健：《我与华电》，转引自华北电力大学党委宣传部《华电记忆》第二辑，2015，第 11 页。

② 张一工：《我与华电》，转引自华北电力大学党委宣传部《华电记忆》第三辑，2016，第 123 页。

③ 孟昭朋：《华北电力学院院史》，华北电力学院，1988，第 55 页。

④ 朱常宝主编《华北电力大学校史（1958—2008）》，中国电力出版社，2008，第 37 页。

⑤ 朱常宝主编《华北电力大学校史（1958—2008）》，中国电力出版社，2008，第 37 页。

军代表甄济培，副主任曹建勋、林燃、王援山。5 月，保定驻军某部军宣队进驻学院，炮六师宣传队撤出。[①] 在这个月，对这所学院有着特殊贡献的甄济培离开了学院。

相对于北京电力学院的时来运转，北京水利电力学院却不得不固守在岳城水库一带。北京水利电力学院搬迁出岳城水库的想法，多次被水利电力部否决。1972 年 11 月 7 日，根据水利电力部与河北省的沟通意见，河北省革委会教育局发文通知，河北水利水电学院在邯郸中华大街南头建校，岳城建教学点。[②]

综观北京电力学院在动乱的历史时期，仍然坚持要求要有基本的办学条件并努力争取，最后在河北省的支持下落户保定，在艰难中保存了学校，并为以后的发展奠定了基础。

一是从国家、行业、学府互动之中观察高等教育的发展。特殊年代北京电力学院搬迁，与国内大形势密切相关。在国家行政命令面前，高校以及上级主管部门水利电力部必须遵守，这是中国高校管理体制决定的。但是高校在面临新校址岳城水库无法办学的情况下，尽最大努力、利用一切可能，寻找生存和发展的空间，最后在行业管理部门——水利电力部和河北省的支持下，得以搬迁到保定继续办学。学校在极其艰难的情况下获得了生存的机会，并为后来的发展打下基础。在这一过程中，北京电力学院的领导干部尽了最大努力。北京电力学院、河北电力学院的变动，再一次展示了中国高等学校生存、发展的特殊性，并充分显示了在这一变动过程中的复杂面相。一些关键人物的努力与决定更是弥足珍贵，特别是甄济培的远见卓识、宽厚包容与担当。

二是高校命运与国家命运息息相关。当时北京有 13 所高校迁出。这些学校多为农林地矿油水电等工科专业，基本是 1952 年院系大调整和 1958 年成立的高校。但是此去离京，它们的命运就发生了变化，甚至到现在还

---

① 孟昭朋：《华北电力学院院史》，华北电力学院，1988，第 55 页。

② 院史编写组主编《华北水利水电学院院史（1951—2001）》，陕西人民出版社，2001，第 37 页。

有影响。比如，现在中国矿业大学和中国石油大学实行两地独立分开办学，华北电力大学（前身北京电力学院）分设保定校区且两地实行一体化管理，都是因这次外迁而形成的。这些高等学校中有许多是国家重点大学，规模较大，在多次搬迁中，十几年的艰苦奋斗积累下的学校资产遭受了重大损失，图书资料和仪器设备出现了大批的散失和损坏。

三是河北邯郸获得机缘迎来两所大学，却没能留得住。这是因为中国政治经济结构的特殊性，较高层次的大学，要么是在北京、上海这样的中心城市，要么是在省会城市这样的区域中心，否则办不成高层次的大学。这与美国很多高层次大学设在小镇、小城市，形成明显反差，也反映了中美不同的高等教育模式。水利电力部所属两所大学北京电力学院、北京水利水电学院奉令迁校到邯郸。但是邯郸因地域条件制约，没有支撑大学发展的基础条件，位置偏僻荒凉，缺乏科研教学设施，交通信息不畅，科技基础力量不足，等等。面对这种局势，北京电力学院几经努力、多次寻找，最终到离北京不远的保定市重建新校园。1970 年 10 月，北京电力学院在邯郸仅待了两年，经河北省同意迁往保定，改名为“河北电力学院”。而另一所高校北京水利水电学院在岳城和邯郸苦撑 20 多年后，又迁址郑州，留下的部分校舍和教职工也被合并。

第六章　河北电力学院、华北电力学院（1970—1978）

1970 年 10 月，北京电力学院受到河北省的欢迎，《北京电力学院办校方案》被河北省文教会议批复，同意北京电力学院每年招生 500 人，设置 6 个专业，暂时可将办学规模定为 1200 人。河北省革委会核心组也同意，北京电力学院 1970 年 12 月可以搬迁至保定市，同时更名为河北电力学院，组织领导上由水利电力部、河北省双重领导，同时要以河北省为主。[①]

第一节　建设新校园、迎接新学生

在新校园，做的第一件事情是收拾校园，同时再努力要回一些房间。当时保定有部分省直房屋财产被占用，据省革委会派人清理发现，保定市东风机械厂机床修理厂等多家单位，私自占用原省直机关房屋 151 间，有的群众组织也占用原省直机关宿舍千余间。[②] 河北省同意给学院使用的家属用房约 360 间，但是能够拿到手的只有 70 间，更多的还被省人委成员的家属和其他单位占用。教学用房也面临同样的问题，能够使用的教学用房只有 3000 多平方米。[③] 校园里唯一的原省政府的四层大楼里，学生们的学习教室与学生宿舍，学院院机关和系部教研室，经常使用的实验室和图书馆等，都在这一栋大楼之内，还是很拥挤的。

---

① 朱常宝主编《华北电力大学校史（1958—2008）》，中国电力出版社，2008，第 75 页。

② 冯世斌主编《1952—1968 河北省省会变迁始末》，河北人民出版社，2012，第 224 页。

③ 朱常宝主编《华北电力大学校史（1958—2008）》，中国电力出版社，2008，第 38 页。

在这种情况下，河北电力学院一方面设法索回房间，另一方面向相关主管部门提出建房申请。1971 年开始，学院得以开始大规模的基建工作，根据 1971 年河北省高教局所定河北电力学院规模，保定市委批准学院扩建占用保定市军体校 90 亩土地。1972 年 4 月，这个 90 亩土地移交手续完成，但是留下了一个尾巴，就是军体校的跳伞塔及其周围 29.6 亩土地还在军体校手中，后来经过努力，多次与保定市相关部门协商，才将跳伞塔及周围土地划归了河北电力学院。①

一　迎来第一届工农兵学员

1966 年后，北京电力学院（河北电力学院）有数年没有招生。新的变化出现了，新校园迎来了新学生，1970 年 12 月 5 日，河北电力学院第一届工农兵学员开学，这是“文革”开始后的第一次招生。欢迎仪式非常隆重，汽车到达河北省邯郸市峰峰电厂时，所有教师列队欢迎，高喊“向工农兵学习”的口号。学员大多来自农村，衣着简洁朴素，有的女同学还头包毛巾。② 这一届学员共有 120 人，分为发电、电自、热力、热自四个专业四个班。以往的一个骨干专业——动经专业因为被认为是为了“读书做官”的修正主义专业，已经解散，就没有招生。第一届工农兵学员入学后，先进行半个月的入学教育，再赴满城、狼牙山区、唐县冉庄等地，参加为期一个月的半军事化的拉练。③

时隔数年，河北电力学院终于有新生入学，虽然只有 120 人，但大学总算恢复了。这些新学生的到来，不是水利电力部和河北省可以推动的，而是当时大环境的结果。

1968 年 7 月 22 日，《人民日报》发表了一个调查报告——《从上海机床厂看培养工程技术人员的道路》。调查报告有毛泽东的一段批示：“大学

---

① 朱常宝主编《华北电力大学校史（1958—2008）》，中国电力出版社，2008，第 38 页。

② 戴克健：《我与华电》，转引自华北电力大学党委宣传部《华电记忆》第二辑，2015，第 11 页。

③ 孟昭朋：《华北电力学院院史》，华北电力学院，1988，第 55 页。

还是要办的，我这里主要说的是理工科大学还要办，但学制要缩短，教育要革命，要无产阶级政治挂帅，走上海机床厂从工人中培养技术人员的道路。要从有实践经验的工人农民中间选拔学生，到学校学几年以后，又回到生产实践中去。”这段批示后来被称为“七·二一指示”，并成为1970年以后高校招生工作的最高纲领。北京大学与清华大学据此，在1970年6月27日上报的一个招生试点请示，得到中央的赞同。这两所学校准备招收工人、贫下中农、解放军战士和青年干部，招生办法要实行群众推荐、领导批准和学校复审相结合的新办法。[①] 这个经验，后来被推广到全国。河北电力学院行动较早，从1970年开始招生，武汉水利电力学院是1971年开始招生，华东水利学院、吉林电力学院是1972年开始招生。总体上，自招工农兵学员以来，武汉水利电力学院招生3040人，河北水利水电学院招生950人，华东水利学院招生1556人，吉林电力学院招生1013人，河北电力学院招生1077人。[②] 至于河北电力学院，1970年招收第一届工农兵学员之后，1971年没有招生。1972年9月招生了第二届工农兵学员，140人来自全国14个省份。

二 工农兵学员的学习与生活

工农兵学员来了后，文化程度很不整齐。基础最好的是读到高中的，有的甚至读到了高三。基础最差的只有小学毕业的水平。面对这样一个从未有过的学生群体，加之也没有具体的教材，没有特别明确的教育要求，老师们自己刻蜡版，努力给他们补课。

工农兵学员到学院后，国家对他们提出的期待是上大学、管大学、改造大学，包括要改造好这些“资产阶级知识分子”教师。在这样的一种以学生为主的氛围内，需要教师们不仅要耐心，还要设法把工农兵学员不会的内容教会了。对于教高等数学的教师们来说，大家需要为他们从初等数学开始教起来，直到教会微积分。在微积分的教学中，有的教师还经常到

① 李雄鹰：《高考评价研究》，华中师范大学出版社，2016，第81页。

② 龚洵洁、胥青山编著《中国电力高等教育》，武汉大学出版社，2004，第78页。

教室，专门帮助学生补习，循循善诱从代数开始耐心辅导，使之最终及格通过微积分考试。[①] 教师们跟着学生上课，到农场劳动，到工厂实践，跟学生同吃同住打成一片。这种状况一直持续到1976年。

第一批工农兵学员是那一时期最受欢迎的学生，不仅是因为有了学生可以培养，学院更有希望，也是因为第一批工农兵学员各方面品质比较好，各地推荐的时候要求的也是比较严格的。有的年龄挺大，有的已经有30多岁，有的已经成家，和有的教师年龄差不多，不管年龄大小，他们入学之后，都愿意努力学习，这方面受到了教师们的欢迎。

专业学习之外，工农兵学员与教师们的关系有时候呈现了另外一种样貌。有的教师见到过一位姓刘的辅导员教师与一名1970级的学生，并排坐在政工组的长沙发上，谈着谈着就变成了激烈的争吵，你来我往的，最后那位学生的嗓门比这位刘老师的嗓门还要高。在校园里，有的教师对于如何称呼学生也不一致，有的教师称呼企业来的年纪稍大的工农兵学员为张师傅、李师傅等。为了贯彻“斗争走资本主义道路的当权派”“批判修正主义教育路线”的要求，每年的工农兵学员的毕业典礼，都会安排一个毕业生代表上台发言。令人留下深刻印象的是，有一年一位工农兵学生代表上台发言，批评有些教师不积极投身“教育革命”，反倒是热心经营自己的小家庭安乐窝，说他们的“斗、批、改”是逗逗孩子、劈劈柴、改善改善生活。他的讲话引起台下阵阵笑声。[②]

1973年7月19日《辽宁日报》报道了一名生产队队长张铁生“白卷事件”，事件被“四人帮”利用。在河北电力学院，有的教师感到：

> 后来到1972年，又招了第二批学生。到1973年，当时大概上面可能也发现问题了，觉得文化程度还是得考虑考虑。1973年招生的老

---

① 《描摹刘国隆》，转引自华北电力大学党委宣传部《华电记忆》第一辑，2013，第95页；《曾闻问口述》，见华北电力大学档案馆《口述》第一辑，2021，第254页。

② 王秉仁：《诉不尽36年的华电情》，转引自华北电力大学党委宣传部《华电记忆》第六辑，2019，第113页。

师到各个地方去招生，可以出点题考考他们。你们可能知道张铁生这个人，他就是交了白卷，不但他做不了，而且还把要考试这个事情又批判了一通，上面一看，又把他当成了一个所谓的白卷英雄，就把当时想考察一下文化程度这个事儿又给批判了，又不行了。……所以那时候我们只是心里头觉得这个事不好，学习是循序渐进的，总得有基础，但这种想法得受批判。[①]

学院里有一批来自空军部队的学员，令人印象深刻。他们不仅基础较好，学习也比较勤奋用功：

当时大概就是空军要培养一部分电力方面的人才，就从全国各地选拔人来，多了一个班。我觉得他们这一部分人为什么跟地方上选的不一样，因为很明确，就是我送你出去，你学了以后将来一定回来。真的都是推荐他们部队里面认为是比较好的学员。另外就是推荐的过程也是很认真的，因为当时他们来了以后都报到了，其中有一个学员大概被检举走了后门，退回去又换一个（学员）来。所以我那时候就觉得空军来的那一部分人确实是比较好。[②]

在校园里，这批来自空军的学员也是一道风景，在校园中的师生和军人组成的军宣队、保定热电厂人员组成的工宣队之中，他们整齐划一的绿帽子、绿上衣、蓝裤子，排队集合的时候格外抢眼。[③]

工农兵学员也在努力地成才。全国各地绝大多数工农兵学员抓住了上大学的机会，努力学习业务知识，努力成长成才，努力打下了较为坚实的基础。如在国家恢复研究生招生后，仅 1979 年一年，390 名在北京地区的

① 《曾闻问口述》，见华北电力大学档案馆《口述》第一辑，2021，第 253—254 页。

② 《曾闻问口述》，见华北电力大学档案馆《口述》第一辑，2021，第 254 页。

③ 王秉仁：《诉不尽 36 年的华电情》，转引自华北电力大学党委宣传部《华电记忆》第六辑，2019，第 111 页。

工农兵学员就考上了研究生，数量不少，而且有些还被选送出国，留学深造。[①] 在河北电力学院，教师们也对这些工农兵学员留下了深刻的印象，教师刘国隆[②]回忆道："他们大部分，还是不错的，踏踏实实、努力刻苦。很多同学学习非常优秀，后来在电力系统等相关领域成为领军人物。"[③]

校园学习是宝贵的，生活在校园里也是可贵的。在当时条件较差的环境下，生活还是有些饥馑的。校园里好一些，当时粮食是定量供应，细粮占30%，粗粮占70%，所以大家也要经常吃窝头，吃细粮不容易。1976年学校留校了四五个工农兵学员，一开始没给他们安排正式工作，就请他们在大食堂帮厨，对此他们欣然接受，安心地工作了好长时间，原因之一是能够吃得好点。[④] 这个情况，也是那个阶段的生活一景了。

第二节　整顿与反复

一　起色中的困顿

1971年9月之后，国家在政治、经济、文化各战线进行了一系列调整。随着国家形势有所好转，河北电力学院也有所好转。在河北电力学院，1972年9月，来自全国14个省份的第二届工农兵学员140人入学，使得在院学生总数达到了279人。1972年9月之后，学院也改为以水利电力部领导为主、河北省领导为辅的双重领导体制，制定了1200人的办学规模，并将学院的二级管理从专业连队恢复为系。1972年12月，《河北电院》校报创办，《河北电力学院学报》创刊。1973年2月24日，军、工宣

① 胡松柏主编《中华人民共和国教育发展史·上：1949—2009》，广西教育出版社，2009，第335页。

② 刘国隆，男，出生于河北涿州，教授。1954年毕业于东北师范大学，1958年在北京电力学院任教。先后任华北电力学院数学教研室副主任、主任，水利电力管理干部学院基础科学部副主任，动力经济学院基础系主任。1981年被评为河北省劳动模范。

③《描摹刘国隆》，转引自华北电力大学党委宣传部《华电记忆》第一辑，2013，第95页。

④ 王秉仁：《诉不尽36年华电情》，转引自华北电力大学党委宣传部《华电记忆》第六辑，2019，第114页。

队全部撤出了学院，学院开始筹建学院党委，成立党的核心小组。1973 年 9 月，学院革委会委员从仅剩的 10 名委员补充到 25 人，主任为当年新任党委书记、院长的安乐群①；副主任则是梁超、林燃、张瑞岐等人。随着校级组织机构的调整，学院的 22 个职能处、室、组进行了整顿，各系的党、政机构也相应健全起来。② 至此学院完成了重要的调整，有利于教育和教学。

但是刚刚有点恢复的管理和教学秩序，又被新的运动打乱。随着国家政治生活的持续，“批林批孔”运动、学“朝农经验”陆续成了河北电力学院的头等大事。特别是 1974 年的学“朝农经验”，对河北电力学院等全国高校有着直接影响。当时全国各级各类学校都要“学朝农、找差距”，对标的“朝农经验”主要就是朝阳农学院的农村办学、分散办学和公社“五七干校”相结合的经验。朝阳农学院在农村基层办教学点，教学上实行“三上三下”，要定期到农村去劳动；学生成长上要“社来社去”，毕业后也到农村去；等等。为配合学“朝农经验”，高校被要求“开门办学”，其中理工科院校更是要“开门办学、厂校挂钩、校办工厂、厂带专业”等。为了落实这些要求，1974 年开始，全国高校包括河北电力学院这样的电力类高校进行了调整。③

1974 年 2 月，河北电力学院第一届工农兵学员毕业。1974 年 6 月，学院已恢复的系专业体制立刻整改，改回了以专业为主体的连队形式，各专业成立领导小组、党总支和团总支，基础课教研室又被解散，教工和学生合编，实行“教学、科研、生产三结合”的独立体制。6 月 21 日，来自保

---

① 安乐群（1915—1984），男，原名安振江，曾用名水川，河北武邑人。1938 年参加革命，同年入延安军政大学学习。1938 年 10 月加入中国共产党。1939 年转入延安马列主义学院学习。1941 年前往晋察冀边区工作。曾任冀东迁青平联合县县长兼大队长，迁遵青联合县县长兼大队长，新华社冀东分社社长，中共冀东临榆县委副书记，代书记等职务。东北解放后，历任沈阳市总工会副秘书长、中共沈阳市委宣传部理论教育处处长、东北行政委员会卫生局副局长、抚顺发电厂厂长等职。后任西安动力学院党委书记兼副院长，中共中央西北局经委企业管理局局长，吉林电力学院党委书记兼副院长等职务。1973 年任河北电力学院党委书记兼院长，1979 年离休。

② 孟昭朋：《华北电力学院院史》，华北电力学院，1988，第 56—57 页。

③ 龚洵洁、胥青山编著《中国电力高等教育》，武汉大学出版社，2004，第 79—81 页。

定地委的毛泽东思想工人宣传队重新进驻学院，参加了院、系两级领导班子。[①] 干部、教师分批下厂进行蹲点劳动，第一批 59 人 1975 年 1 月前往保定热电厂、电工器材厂和满城县大册营公社岗头大队。第二批 1975 年 9 月前往。第三批则是 1976 年 3 月下去的，每一批的时间是半年。[②]

二　正常教育教学无法开展

不过，对于这些变化，包括这种教育与生产劳动的相结合，河北电力学院教师们的感觉是，这种开门办学，以典型任务、典型工程带教学作为唯一的办学方式，导致的是学生基础课荒废。而工农兵学员上大学、管大学、改造大学的“上、管、改”，更难以保证教学。[③]

这一阶段还出现了另外一种“大学”——“七·二一大学”。这种工人大学最早的雏形是上海机床厂积极贯彻毛泽东“七·二一指示”，于 1968 年 9 月创办的一所学校。在 1974 年，为了落实毛泽东办好社会主义理工大学的指示，全国兴起了大办“七·二一”工人大学和社会主义劳动大学的风气。1974 年 7 月，华东电业管理局学习上海机床厂经验，将上海电力工业专科学校改名为华东电业管理局“七·二一”工人大学，并在 1975 年 2 月开始在华东电业系统内部招收了两届工人大学的工农兵学员 277 名。[④] 河北电力学院也和北京电力建设公司以及北京、石家庄、保定电力生产单位联合举办了“七·二一”工人大学。强调开门办学，以典型工程、典型任务带教学，强调实干，忽视基础的知识和理论学习，教学质量难以保证，到了 1979 年 6 月随着工农兵学员的相继毕业，这类“七·二一”大学也结束了。[⑤]

---

① 孟昭朋：《华北电力学院院史》，华北电力学院，1988，第 57 页。

② 龚洵洁、胥青山编著《中国电力高等教育》，武汉大学出版社，2004，第 79—80 页。

③ 孟昭朋：《华北电力学院院史》，华北电力学院，1988，第 57 页。

④ 龚洵洁、胥青山编著《中国电力高等教育》，武汉大学出版社，2004，第 81 页。

⑤ 龚洵洁、胥青山编著《中国电力高等教育》，武汉大学出版社，2004，第 81 页。

三 打倒“四人帮”

1975年是一个多事之秋，该年年底的“批林批孔”运动又转为“评《水浒》、批宋江”。在全国的教育领域，“教育革命”大辩论轰轰烈烈开展起来，并随着政治形势的变化，转为了全国规模的“反击右倾翻案风”的运动。河北电力学院的教职员工在彷徨之中步入了1976年，并见证了国家政治命运的重大变化。

先是1976年初，周恩来去世，4月5日清明节又爆发了悼念周恩来而引发的事件。几天之后，河北电力学院的师生们在政治学习时了解到这一事件被定性为“反革命事件”时，大家的心情很是压抑。

就在传达这份文件期间的一个下午，河北电力学院的南拐角楼二楼的一个房间突然发生了火灾。由于南拐角楼的楼板、屋顶都是木结构，火灾的蔓延速度很快，大家闻讯赶来救火时，大火已经蔓延，烟火从二楼的多个窗户向外冒了出来。等到保定消防队赶到扑灭大火之后，几乎半个楼被烧毁了。操场上堆满了从房间里抢救出来的衣服、被褥、箱子等生活用品，很多已经烧得残缺不全。连续很多天，楼的周围都弥漫着火灾后的气味。[①] 这种令人沮丧的氛围持续了很久。

1976年9月9日，一件大事再次发生。当天下午中央人民广播电台播音员用沉痛的声音播送了《告各族人民书》——毛泽东主席逝世了！之后不久“四人帮”被粉碎的消息传到了保定。10月初，学院有人悄悄地递给印刷厂工人张一工一封信，信是他的朋友从北京寄来的，并嘱咐他一定要找没人的地方看。张一工躲进了厕所，悄悄打开信看到了惊人的小道消息：“四人帮”被抓起来了！几天后，北京传来的公开消息证实“四人帮”已粉碎，而且消息说北京沸腾了，商店里所有的酒都卖光了，人们还排着长队买螃蟹，而且一定要买“仨公一母”来吃，象征着把横行霸道的“四人帮”吃掉。有趣的是，当时的人们吃螃蟹的不多，独独这一次螃蟹特别

① 张一工：《我与华电》，转引自华北电力大学党委宣传部《华电记忆》第三辑，2016，第126页。

热销。接到正式通知的河北电力学院，也组织了庆祝粉碎“四人帮”、拥护华国锋主席的大游行。大家举着毛泽东、华国锋两位主席的画像，从学校浩浩荡荡地沿着保定市的主要街道行进，一路上高呼口号、燃放鞭炮，直到天黑才返回学校。①

第三节　新时期：新招生、新提升、新校名

1976年，河北电力学院迎来了春天般的景象。随着“文革”结束，全国各项工作开始走上正轨，高等学校的教育秩序也逐渐恢复。10月中旬学院的“教育革命大辩论”办公室被取消，《河北电力学院教育革命大辩论情况简报》从16期开始改名为《河北电力学院情况简报》。学校正在走向正轨。

一　逐步恢复办学秩序

1977年初，学院首先对教学和管理方面存在问题进行调查，在3月写出调查报告。学院认为在管理机构方面，基本上是工、军宣队按军队模式设置，不适于高校特点；在教学方面，师资紧缺现象严重。师资统计表明260名教师实际担任教学业务的只有157人。师资不仅缺，因为搞开门办学的关系，教师力量多处分散。学生文化水平不齐整，教师人员不足，也只能组建一些小班来结合知识水平不同的学生上课。师资是一个方面，综合来说，学院分析认为自身的教育方针、招生办法、知识分子政策等一系列重大问题都要进行彻底的改变。②

1977年8月，中国共产党第十一次全国代表大会召开，中国的社会主义建设进入了新的时期。与这个新时期相随的是，电力工业建设也进入了新的发展阶段。1966—1976年的电力工业第三、第四共两个五年计划期

① 张一工：《我与华电》，转引自华北电力大学党委宣传部《华电记忆》第三辑，2016，第126—127页。

② 孟昭朋：《华北电力学院院史》，华北电力学院，1988，第59—60页。

间，计划目标无法按计划完成，且从 1970 年以后，国内开始出现严重的缺电局面。由于国家和各部门不切实际的高指标高目标的制定，以及用于备战所需的相关基本建设投资的不断扩大和各主要工业部门重工业发展目标的不断加大，全国性缺电问题逐渐严重，且延续多年难以缓解。[①] 但从 1976 年之后，电力工业迎来了新发展，1978 年的全国发电量已达到 2565 亿 kW · h，年均增长率为 9.4%。全国发电设备容量方面，达到了 5712 万 kW，年均增长率为 9.6%。[②] 年发电装机容量以及年发电量已经达到世界第八，同时在 1978 年全国发电装机容量、年发电量分别比 1949 年增长约 30 倍、59 倍。[③]

国家政治的巨大变化和电力工业的新发展，对河北电力学院的影响很大，促进了学院的发展和积极的变化。1977 年开始，学院将已有的部队军事建制、专业连队、教改小分队等师生混合编排的做法，逐渐废弃。学院的专业、招生、就业、编制、科研等，开始重新规划。1978 年，河北电力学院恢复了 1966 年之前的教学管理体制，设置电力、动力、机械等工程系和基础教学部，并着手筹建电子系。

二　恢复统一高考招生

随着 1977 年全国恢复统一高考招生，河北电力学院招收了 1977 级新生 310 名，这些新生来自全国 26 个省份。1978 年全国高考统一招生考试实行全国统一命题，统一评分标准，招生工作进一步完善。1978 年河北电力学院继续招收了第二批新生 337 名，其中应届高中毕业生 203 名，知识青年 67 名，在职职工 64 名。随着新生的到来，学院对他们的学制也进行了修改，改为更合乎教育规律的 4 年制。[④]

---

① 中国电力企业联合会编《中国电力工业史（综合卷）》，中国电力出版社，2021，第 201 页。

② 濮洪九等主编《中国电力与煤炭》，煤炭工业出版社，2004，第31 页。

③ 中国电力企业联合会编《中国电力工业史（综合卷）》，中国电力出版社，2021，第 125 页。

④ 孟昭朋：《华北电力学院院史》，华北电力学院，1988，第 60 页。

少数河北电力学院的职工也加入了新高考的行列之中。在1977年，恢复高考的消息传到学院时，电力学院的职工备受鼓舞，有7个人参加高考。那是一个令人振奋的时代，对很多人而言，人生重大事件都发生在那几年。

三　成为全国重点大学

1949年至1966年，多所高等学校被国家确定为全国重点大学。1954年确定了6所，1959年确定了20所，1960年进一步增加了44所，共计64所大学先后成为全国重点大学。1977年邓小平提出，“重点学校应以搞基础理论教学为主，创造新的条件，培养学得比较深、水平比较高的科研人才……重点学校太少了，要再增加一些，不要只是那几个著名的大学，好多专业院校也应当列为重点学校……重点大学不要提半工半读”。[①] “在大专院校中先集中力量办好一批重点院校。重点院校除了教育部要有以外，各省、市、自治区和各个业务部门也要有一点。”[②]

在1978年1月27日，教育部《关于恢复和办好全国重点高等学校的报告》，实质性推动了新的重点大学增设，准备首批拟定88所全国重点大学，这个数字占到了405所全国高等学校的22%。报告对部委办学有明确支持：“面向全国和面向地区的全国重点高等学校，少数院校可由国务院有关部委直接领导，多数院校由有关部委和省、市、自治区双重领导，以部委为主。”2月17日，国务院转发了教育部的报告并指出：“恢复和办好全国重点高等学校是一项战略性措施，对于推动教育战线的整顿工作，迅速提高高等教育的水平，尽快改变教育事业与社会主义革命和建设严重不相适应的状况，是完全必要的。”[③] 国务院希望通过这一举措，深入开展教

---

① 邓小平：《在科学和教育工作座谈会上的插话（节选）》（1977年8月6日），《邓小平决策恢复高考讲话谈话批示集》（一九七七年五月——十二月），中央文献出版社，2007，第16页。

② 邓小平：《关于科学和教育工作的几点意见》（1977年8月8日），《邓小平文选》第2卷，人民出版社，1994，第54页。

③ 李均：《中国高等教育政策史（1949—2009）》，广东高等教育出版社，2014，第192页。

育改革，力争三年内实现大治，八年以内使教学和科研水平进入国际先进行列。报告出台之后，又一批全国重点大学被确认，到1979年底，确定了面向全国、面向行业和面向地方的三类全国重点大学97所。

以今日之眼光进行学理观察，所谓重点大学突出体现在两点。一是培养高层次人才，如招生时优先录取基础更好的学生，并重点培养学生的创新能力；又比如率先恢复硕士、博士层次的教育。二是进行高层次的科学或学术研究，即今日所称研究型大学的相关科研工作。当然，重点大学会得到国家在资金、资源等方面更多投入，这一所学校也就有了更多发展机会。

1978年3月1日，新华社播发了恢复全国重点大学的讯息，河北电力学院入围全国重点大学。

这一消息令全校师生包括水利电力部备受鼓舞。毫无疑问，这是“中专戴帽”升为大学之后，这所学校经历的最重要的历史时刻。有了重点大学身份，河北电力学院在全国高校中的地位，在国家经济社会发展中的重要性和学校办学的资源获取能力上，均得到了明显提升。

1978年4月22日，教育部在北京召开了全国教育工作会议。教育部部长刘西尧就教育工作如何贯彻党中央的指示谈到八点，其中一点就是集中力量办好一批重点学校。全国教育工作会议对于高等学校拨乱反正、正本清源起了积极的推动作用。整体环境的积极向好，有力推动了河北电力学院的迅速发展。

四　更名为华北电力学院

进入重点大学行列后，根据教育部《关于恢复和办好全国重点高等学校的报告》中，多数院校由有关部委和各地双重领导且以部委为主的要求，河北电力学院的隶属关系，回归了以水利电力部管理为主。这又为河北电力学院的更名，创造了条件。征得河北省同意，1978年9月28日水利电力部决定将河北电力学院改名为华北电力学院。[①] 学院在历经艰难和曲折之后，开始步入稳步发展的轨道。

水利电力部还促成了另一件意义特别重大的事情。1978 年 10 月，国务院批复了华北电力学院招收研究生的申请。批复下达后，华北电力学院 1978 年顺利招收到了研究生，研究生的专业学制 3 年，专业设置方向则是电力系统及其自动化、发电工程（热力、机械）、高压工程、理论电工等。首批招收了 43 名研究生，分属两个部分，其中华北电力学院名下 15 名，电力科学研究院名下 28 名。

> 一是学校更名为华北电力学院，以水电部领导为主，河北省为辅，同时列为全国重点大学；二是成立了华北电力学院北京研究生部，使我校成为第一批具有硕士研究生学位授予权的学校。这两件大事，成为我校从二类院校向一类院校过渡的转折点，从此我校进入了重点院校行列。这应该是我校从 1958 年建校以来取得的最大成就，也是我校师生员工团结奋斗，从克服上世纪六十年代三年困难时期带来的办学困难，尤其是“文革”搬迁给学校带来的浩劫，而取得的重大胜利。[②]

第四节　教育发展迎来改革开放的春天

1978 年 12 月，中国迎来了改革开放的新时代，中共十一届三中全会在北京举行。新定名的华北电力学院，和整个教育行业一样，将迎来新的更大发展。1979 年 4 月，中共中央召开工作会议贯彻落实党的十一届三中全会精神，以纠正以往多年经济工作的失误，清理“左”倾错误影响。同

---

① 孟昭朋：《华北电力学院院史》，华北电力学院，1988，第 63 页。

② 朱常宝：《历经沧桑忆华电》，转引自华北电力大学党委宣传部《华电记忆》第五辑，2018，第 19 页。

时，国家的发展需要人才，但是高等教育人才供给明显不足。当时全国每10万人中具有大学文化程度的人口，仅有599人，这一数字与发达国家每10万人所拥有的几千人甚至上万人的数据，比较起来，相差很是悬殊。[①] 1980年高等教育规模过小的问题，开始引起了国家高层的高度重视。是年3月19日，邓小平曾就这一问题特别谈道："希望经过一段时间的努力，大学在校学生达到300万人。"[②] 1982年9月党的十二大《全面开创社会主义现代化建设的新局面》报告中，指出"一定要牢牢抓住农业、能源和交通、教育和科学这几个根本环节，把它们作为经济发展的战略重点"。[③]

一　多方支持建设新校园

前文指出，重点高校能够在资源、资金诸方面得到更多的支持，成为重点大学的华北电力学院就是其中之一。多方利好之下，特别重要的是水利电力部一直予以积极支持，以及河北省也支持这所在河北的唯一一所全国重点大学。因此，华北电力学院的发展明显加快，教学秩序、教学质量、科学研究、国际合作与交流等，均得到逐步恢复和发展。在办学空间上，1980年10月，经河北省建委批准，紧邻校园的军体校所拥有的跳伞塔及周围29.6亩土地被划拨到了华北电力学院，为了补偿军体校，华北电力学院则和中国人民解放军当地驻军一起，投资另行建设军体校。此时华北电力学院的占地面积200多亩，而且从此原军体校内用来跳伞训练的高高跳伞塔，成了这所校园最特别的景观。

校园主体建筑迅速扩展，在学院更名前后不到5年间，学院陆续建起了教一楼至教五楼，以及图书馆、实验室、礼堂、学生宿舍楼、家属宿

① 李均：《中国高等教育政策史（1949—2009）》，广东高等教育出版社，2014，第199页。

② 何东昌：《关于中央书记处对教育工作指示精神的传达要点》（1980年5月27日教育部印发），何东昌主编《中华人民共和国重要教育文献（1976—1990）》，海南出版社，1998，第1813页。

③ 胡耀邦：《全面开创社会主义现代化建设的新局面（节录）》（1982年9月1日），何东昌主编《中华人民共和国重要教育文献（1976—1990）》，海南出版社，1998，第2037页。

舍、食堂等。学院还征用了韩庄公社郭庄大队的土地25.6亩，建设了一座近5000平方米的校办工厂，从保定农校调剂了200多亩地办农场，在白洋淀附近的张村借用了水田100亩和旱地118亩作为师生的学农基地。[①]“学院还在准备规划建设东院，计划将学生人数由2000人发展为6000—10000人，目的是建立中国一流的电力大学，这个目标使得大家兴奋不已。”[②]

二　加强领导班子建设

加强了组织机构和领导班子建设。1976年底之后，水利电力部与河北省对电力高校的领导班子加以恢复与重建，起用了一批老干部，撤销了工作队、校革委会和连队建制，恢复了党委领导下的校长分工负责制。1979年1月11日，华北电力学院特别召开了以往被立案审查人员的落实政策大会，后继工作基本做到符合政策、单位欢迎、本人高兴、家属满意，工作效果也是显著的，极大调动了广大知识分子的积极性，为其他各项工作的开展铺平了道路。[③]

1979年6月14日，河北省委第二书记江一真来学院视察工作。11月9日，刘屹夫[④]任院党委书记兼院长，原党委书记、院长安乐群离任。1980年7—9月，学院党委讨论并确定了机构调整举措，经电力工业部批准，各系、部、室、馆等均设立为处级单位，并撤销院政治处，任命了相关干部。[⑤]

---

① 朱常宝主编《华北电力大学校史（1958—2008）》，中国电力出版社，2008，第38页。

② 戴克健：《我与华电》，转引自华北电力大学党委宣传部《华电记忆》第二辑，2015，第11页。

③ 孟昭朋：《华北电力学院院史》，华北电力学院，1988，第63—65页。

④ 刘屹夫（1907—1984），北京人，曾用名刘恩隆、于典。1931年毕业于北平大学工学院电机系。1937年11月参加革命工作。1937年入陕北公学。1943年加入中国共产党。1946年后，历任下花园发电厂副厂长，大连远东电业中央试验所副所长，佳木斯电业局局长，牡丹江电业管理局局长，燃料工业部电力设计局副局长，电力工业部技术司副司长，西安动力学院副院长，贵州省水利电力厅副厅长，贵州省科学技术委员会副主任，1979年调任华北电力学院党委书记兼院长。1983年离休。后人追忆文章和访谈，称其一身正气、廉洁奉公、爱校胜家，深受师生员工爱戴。

⑤ 孟昭朋：《华北电力学院院史》，华北电力学院，1988，第67—70页。

领导班子调整后，学院有了朝气蓬勃的年轻干部队伍。这个队伍的重大调整，有着时代的背景。1980 年 12 月，来自中共中央组织部以及教育部等联合下发的《关于加强高等学校领导班子建设的意见》《关于高等学校领导干部管理工作的通知》传达到了各高校。到了 1983 年 3 月，来自中共中央组织部和教育部的《关于高等学校领导班子调整工作几点意见》，又明确要求建设年富力强的领导班子。因此，水利电力部党组在 1983 年前后对包括华北电力学院在内的电力高校新领导班子提出指导意见，要求体现革命化、年轻化、知识化、专业化的方针。经过深入的各方调查及民意测验，最终新的学院领导班子经过反复酝酿后诞生了。1983 年 12 月 2 日，水利电力部党组副书记、副部长赵庆夫①在华北电力学院中层以上领导干部会议上代表部里，宣布任命党委书记孟昭朋、党委副书记苑国欣②、院长王加璇③，以及副院长王援④、翟东群、曾闻问为新一届领导班子。他们的平均年龄 50 岁，比原领导班子平均年龄降低了 16.5 岁，教育背景由大学文化程度 50%上升到 100%。随之学院中层干部的调整也在 1984 年 3 月之前完成，中层干部平均年龄达到 43.5 岁，降低了 11.6 岁，具有高中以

① 赵庆夫（1926—2010），山东省肥城县人。曾任水利电力部副部长、党组副书记，水利电力部中国水利电力对外公司董事长，中国电力信托投资有限公司董事长、名誉董事长，葛洲坝水力发电厂厂长、党委书记，中国人民政治协商会议第八届全国委员会常务委员。

② 苑国欣（1937—2016），男，中共党员，教授，出生于河北省高阳县，1964 年毕业于中国人民大学国际政治系并留校任教，1971 年到北京师范学院组织部工作，1973 年调华北电力学院工作，曾先后任华北电力学院机械系党总支副书记，基础部党总支书记兼副主任，1983 年任华北电力学院党委副书记，1989 年任华北电力学院党委书记，1995 年至 1998 年任华北电力大学副校长。

③ 王加璇（1930—2012），男，生于山东省龙口市，1949 年加入中国共产党。1954 年毕业于哈尔滨工业大学电机系，1956 年毕业于清华大学动力机械系，1956 年研究生毕业后回哈尔滨工业大学任教，1958 年任哈尔滨工业大学动力机械系副主任，1962 年随校际专业调整调入北京电力学院。历任北京电力学院、河北电力学院、华北电力学院动力工程系副主任、主任，1983—1990 年任华北电力学院院长。

④ 王援（1933—2022），男，黑龙江省宁安人，中共党员，高级工程师，1948 年 3 月在牡丹江东北第一纺织厂参加革命工作。1953 年加入中国共产党。1958 年免试入学哈尔滨工业大学动经专业，1961 年院系调整后到北京电力学院热力专业学习。1964 年毕业后留校工作，先后任动力系辅导员、系革委会副主任、系党总支书记。1983 年任华北电力学院副院长。

上文化程度和中专文化程度的占89%，提高了22%。①

三　工作重点转移到教学和科研上

1979年2月16—28日，学院常委扩大会议传达贯彻党的十一届三中全会精神。学院党委书记安乐群作了《中共华北电力学院党委关于认真做好工作重点转移的几点意见》的报告，传达了院党委把工作重点转移到教学和科研上来的决定。随之，诸多举措开始推出。

学院的教学秩序全面加以了整顿。1980年1月17日，《华北电力学院教师工作量暂行办法》公布施行。各专业都制定了教学日历、教学计划任务书、教学课时分配表等一系列教学文件，恢复和健全了考试、考查制度。到了11月，学院还开展全院性教学检查活动，检查小组深入课堂听课，进行测评，最后对检查结果作总结。这一切都意味着教育教学终于走上正轨。在1980年时，学院的5个专业研究室，已经有专职科研人员47人，兼职科研人员38人。科研基础的增长促进了学术氛围的浓厚，在1980年10月16—18日，学院还组织了一次全院规模的学术报告会，并特别邀请了电力工业部副部长李锐②出席，李锐欣然参加并做了指导讲话。学术报告会是对学院教科研的检阅，活跃了学术气氛。③

教学科研工作与师资力量也随之有了进一步的发展。1981年11月3日，学院获批为硕士学位授予单位，电力系统及其自动化、发电厂工程、理论电工等成为首批3个硕士学位授权学科、专业点，新设立的学院位于原北京电力学院在北京的留守地址。同时，围绕教学实力、学术水平在国内居于领先或较先进地位的专业、学科，学院确定了第一批重点专

① 孟昭朋：《华北电力学院院史》，华北电力学院，1988，第79页。

② 李锐（1917—2019），男，原名李厚生，生于湖南平江。1936年春参加革命工作，1952年10月起先后任燃料工业部水电建设总局局长，电力工业部部长助理兼水电建设总局局长，水利电力部副部长。1979年4月任电力工业部副部长、党组副书记兼基建工程兵水电指挥部政委，1980年8月兼任国家能源委员会副主任、党组成员。1982年4月起先后任中共中央组织部青年干部局局长、副部长。

③ 孟昭朋：《华北电力学院院史》，华北电力学院，1988，第65—66页。

业：电力系统及其自动化、继电保护与自动技术、电厂热能动力工程。确定了第一批重点学科及其带头人：以杨以涵为学科带头人的电力系统的控制与安全经济运行，以杨奇逊[①]为学科带头人的电力系统继电保护，以周波[②]、何富发[③]为学科带头人的直流输电，以张金堂[④]、邵汉光为学科带头人的理论电工，以王加璇、宋之平[⑤]为学科带头人的热经济学，以张保衡[⑥]为学科带头人的大型发电厂动力设备温度场、热应力及疲劳寿命。1981年，学院制定出教学管理的六项规定，加强了教学组织管理，并在11月在学院承办了河北省教学工作现场会。1982年接收了一批1977级、1978级的毕业研究生、本科生充实教学队伍，学院的教职工总数达到1078人，其中教学编制人员486名，讲师以上职称教师211人，含教授、副教授30人。[⑦]

---

① 杨奇逊，1937年生，男，生于上海，浙江海宁人，中共党员。1960年毕业于浙江大学，同年到北京电力学院任教，历经学校发展的各个阶段。1979年至1982年在澳大利亚新南威尔士大学做访问学者并获得博士学位。1989年被国务院学位委员会批准为博士生导师。1994年入选我国首批中国工程院院士。多年来一直从事微机继电保护和电力系统数字仿真研究工作，是我国微机保护的开拓者，其研究成果填补了我国多项空白。

② 周波（1932—2012），男，湖北广济人，中共党员。1950年在哈尔滨工业大学电机系电力系统专业学习，1956年7月毕业并留校任教，1959年在该专业研究生班学习，1960年10月毕业，当年任讲师。1961年调北京电力学院任教。1981年4月在美国做访问学者。1983年任副教授，1986年任教授。

③ 何富发（1928—2012），四川成都人，1950年毕业于四川大学电机系，1953年毕业于哈尔滨工业大学研究生班。历任哈尔滨工业大学、北京电力学院讲师，华北电力学院教授，曾任直流输电教研室主任。

④ 张金堂（1918—2022），男，北京水利电力经济管理学院教授，江苏人，1939年毕业于上海交通大学，1957年调任电力科学院直流输电组长。1962年调任北京电力学院理论电工教师。1977年改任华北电力学院研究生部理论电工教授。1957年创立我国第一个直流输电科研组，开展三峡交直流输电科研，系我国直流输电奠基人。

⑤ 宋之平，男，北京人，教授。1951年9月在清华大学热能动力工程专业攻读学士学位，1955年9月在布拉格查理大学学习普通捷克语专业，1956年9月在捷克高等工业大学热能动力工程专业攻读博士学位。1961年到北京电力学院任教，先后任热工实验室主任、动力系副主任、能源研究室主任、动力系主任、研究生部学术委员会主任等职。

⑥ 张保衡（1924—2014），生于北京，教授。1946年毕业于北京大学工学院。早年在石景山电厂、电业总局、北京电力学校等单位工作。1958年调入北京电力学院任教，先后任热力教研室、研究生部工程热物理教研室主任等职。

⑦ 孟昭朋：《华北电力学院院史》，华北电力学院，1988，第71—73页。

四　实现教学、科研和服务相结合

这时期的科研不仅为校园服务，还面向社会，为国家经济建设服务。以微机（微型计算机）开发为中心的各项科研工作，是其中的代表。以1984年为例，这一年华北电力学院有54个项目课题列入科研计划，不仅项目数比上一年增长29%，而且“WXF-1型微脑谐波分析仪”“电厂锅炉自动调节系统的微机模型系统”“微型机数字采集及处理装置”“Z-80微机软件开发系统”“微机汉字工资管理系统”“直流输电技术中的微机控制”“微机自动准同期装置”等项目，在加强经济管理系统，为现场人员提供服务方面，均产生了一定社会效益。这一年，学院的计算机新技术的发展与应用方面，还取得了突破性进展，在10月的河北省微机应用成果展览会上，学院参展科研成果占河北省展品的10%，在11月西安召开的全国微机应用成果展交会上，学院3个项目获得大会奖励，其中包括杨奇逊牵头的课题小组研制的“MDP-1型距离保护装置”获一等奖。[①]

这些教学、科研多方面的突破，既有1977年以来学院上下的共同努力，也与1976年以前学院的教职工们，克服困难、保有定力、坚持业务学习、努力科研攻关密切相关。如学院研制的晶体管保护装置、集成电路保护装置等项目，始终能够处于全国继电保护领域的领先水平，而且学院在电力领域取得的科研成果，攻克的技术难题，所做的电力企业技术革新贡献，也获得行业内的认可，产生了实际效益。教学、科研、生产一体相连的传统得到了继续巩固。1984年4月华北电力学院对外科技部成立，直面一线需要，开展技术咨询与服务业务。曾开展了燃油改燃煤锅炉设计、电磁场计算、汽机凝结器胶球清洗器的控制装置设计、音频控制系统设计、大型中频弯管机设计和咨询、计算机技术咨询服务等30余个项目，不仅服务了社会生产需求，也创收了近20万元，这在当时是一笔很大的收益。[②]

服务社会、服务经济建设，促进了学院的应用科学的研究和新技术的

---

① 孟昭朋：《华北电力学院院史》，华北电力学院，1988，第82—83页。

② 孟昭朋：《华北电力学院院史》，华北电力学院，1988，第83页。

开发。以1987年来看，当年科研经费达103万元，首次逾越百万元大关，其中横向联合项目的经费占31.6%；通过技术鉴定的8个科研项目，具有较高应用价值，其中“微机高压线路成套继电保护装置”产品打入国际市场。改革开放以来的统计表明，学院取得的50项科研成果之中，有43项进行了技术转让、推广应用，推广率达86%，超过了全国高校科研成果推广应用率70%的平均水平。

服务社会的又一个方面，就是有着电力特色的高等函授教育。学院在1981年7月成立了函授部，由于有着水利电力部以及华北电管局的协助，到了次年11月1日，首届高等函授生40人就得以开学了。这个函授最初的专业设置是热力和发电两个专业，学制六年，由于培养目标等同全日制本科专业，只要学完六年内规定的全部课程，就可以获得大学本科（高等函授）毕业证书，因此受到了电力行业在职职工的欢迎。函授之外，还有一些短训班、进修班，也受到了电力行业的欢迎。如1982年曾举办为期半年的微波通讯短训班、华北电管局系统发电专业进修班，也很受欢迎。[①]

总体形势的持续向好，政治经济文化氛围的宽松，激励了华北电力学院教职员工的奋斗信心。1982年9月党的十二大召开的这一年，有14名师生光荣加入了中国共产党，教学与科研等蓬勃发展。学生们的发展也前景明朗，1977级、1978级的623名本科生和32名研究生毕业之后，受到了用人单位的欢迎。[②]

第五节　面向世界虚心问学

20世纪80年代是一个改革的时代，也是一个面向世界、虚心问学的年代。改革开放开始后中国再次打开了国门，中国大学的国际化进程也启动起来。与20世纪50年代学习苏联不同，此一轮的国际交流，主要是向欧美日等西方发达国家学习。在交流和学习的过程中，华北电力学院的教

① 孟昭朋：《华北电力学院院史》，华北电力学院，1988，第76、77、122页。
② 孟昭朋：《华北电力学院院史》，华北电力学院，1988，第76页。

师和科研人员了解、学习了世界先进的技术和知识，并有了创造性的成果，再加上国家的支持和自身的努力，华北电力学院迅速缩小了与世界先进水平的差距。

一　一批教学科研人员出国学习

由于国家的重视和支持，华北电力学院派出了一批出国留学人员，学习世界先进知识。电力系电自教研室主任杨奇逊，1978 年赴澳大利亚从事微处理机应用继电保护的科学研究。王加璇副教授，于 1980 年至 1982 年在美国麻省理工学院做访问学者。第一年在该院传热研究室主任罗森诺教授指导下，参加该院跨系的能源研究室工作，从事该室与美国能源部的合同项目“联合循环研究”中的基础课题“燃气轮机冷却研究”。其间，根据研究结果，写出《燃气轮机水冷通道中的传热和流体力学》和《动力用燃气轮机模式空气冷却》等专题报告。翌年，被其指导教授推荐到该院的高级研究中心，在该中心主任麦伦·特莱伯斯教授指导下，从事“热经济学”研究，这是热力学理论基础与经济优化技术相结合的跨学科领域，特莱伯斯教授系此学科创始人之一。此间，除以研究工程师的身份参加研究外，并与特莱伯斯和埃勒-赛义德两位教授一起完成了《热经济学导论》的专著。王加璇副教授回国后与宋之平副教授合作，继续这项研究工作，共同培养这方面的研究生，并第一次为研究生开出《热经济学引论》课程。[①]

动力系热能教研室童恩超讲师，考取英国工业联合会（CBI）海外奖学金。1980 年出国后，童恩超在拉格比市通用电气公司汽轮机设计室热应力小组工作。曾闻问副教授，1981 年至 1983 年，在美国西东大学（Seton Hall University）数学系进修泛函分析，完成了《线性规划基础》论文，获得国外导师的较高评价。美国西东大学教授威廉姆斯赞扬她是一个理解力强的、忘我的、认真的科学家。回国后，为提高学生应用外语的能力，她

---

① 孟昭朋：《华北电力学院院史》，华北电力学院，1988，第 73—74 页。

从1985级学生开始开设用英语讲授的高等数学课程。[①]

在这批出国的人员中，获博士学位的还有赴瑞士从事计算机在电力系统中的应用研究的贺仁睦[②]和赴美国的李超等教师。此外，赴美国加利福尼亚大学从事网络计算机辅助分析研究的俞有瑛老师，刻苦认真地完成了学业。周波副教授先后在美国密苏里哥伦比亚大学和宾夕法尼亚大学研究高压直流输电的控制系统的理论与技术。林宪枢在美期间与威斯康星大学联合研究了《同步电机驱动矿石加工机器的研究方案》。出国深造的这批教师和先后出国的其他教师（施传立、刘真、胡清兰、阎维平、王仁洲、李晓云、黄祖贻等），均在专业学科领域取得了成果，载誉而归。[③]

由于以上十几位人员留学出国的学习交流，在他们相继回国后，1982年前后华北电力学院的师资队伍力量得以空前壮大，学院的教学科研实力得以增强。

二　加强国际科研学术交流与合作

出国考察和科研交流，拉近了华北电力学院和世界的距离。1982年10月，由副院长张瑞岐及童恩超、孟昭章、朱希彦、水电部教育司李宝琪等人组成的考察团，就联合国总署援助学院大机组模拟培训中心项目，前往日本、美国等地进行考察。1984年10月30日，以日本西条市长桑原富雄为团长的西条市友好代表团，在保定市市长田福庭的陪同下，参观了学院计算机、动态测试、动态模拟实验室。1984年11月23日，以王加璇院长为团长，翟东群、王兵树、李明（外经贸部）、杨秀英（水电部）为团员的代表团，就仿真培训设备合作项目一事，应邀赴美国参观考察。在美期

① 孟昭朋：《华北电力学院院史》，华北电力学院，1988，第74—75页。

② 贺仁睦，女，湖南宁乡人，中共党员，教授。1967年毕业于清华大学发电专业，1978年考入华北电力学院电力系硕士，1979年与王加璇、曾闻问、俞有瑛四人在上海进修英语，后到北京学习法语，1980年到瑞士洛桑联邦理工学院（EPFL）攻读博士学位，1984年12月获博士学位，1985年回国后一直在华北电力学院任教，1987年被评为副教授，1992年被评为教授，1993年获国务院学位委员会授予博士生导师资格并获国务院专家津贴。

③ 孟昭朋：《华北电力学院院史》，华北电力学院，1988，第75页。

间与其有关部门签订了《谅解备忘录》。代表团于 12 月 17 日返回。[1]

1985 年 4 月上旬，学院派出以电力系主任杨以涵教授为团长，由杨奇逊副教授等人组成的技术代表团，赴英国进行技术咨询活动。在为期一个月的活动期间，技术代表团与英国 C. S. D 公司达成高压输电线路测距软件的技术转让协议，开创了中国首次向英国出口软件技术的纪录。1987 年 4 月华北电力学院微机应用技术研讨会召开，此会进而打开了对外协作关系。5 月中旬成立了单片机技术开发中心，进行了单片机技术转让与咨询服务工作。是年学院筹建的"国际联机检索终端"试通成功并投入使用，并 11 月举办了"国际联机检索培训班"。院计算中心与科技情报室合作，研究开发的"情报交换管理系统"投入使用。该系统由 IBM-PC/XT 计算机软件组成，用于向近千个单位交换发放资料和出版物的管理工作，加强了情报资料的管理功能并提高了利用率。5 月，院电教部从美国 DEC 公司引进的 VAX 计算机组经调试投入运行。[2]

各方面的迅速发展，令大家感到很振奋，有的学生多年之后还回忆道：

> 我们大三期间，应该是在 1981 年初，学校大礼堂门上贴出了《光明日报》的一篇报道，刊载了我校赴澳大利亚访问学习的杨奇逊老师在微机保护方面取得了突破性成果的事迹。此事令同学们欢欣鼓舞，同时非常自豪，切身体会到了华电师资的高水平！[3]

三　典型个案：杨奇逊

杨奇逊早年名字不是杨奇逊，而是杨奇孙。他出生于上海法租界的一

① 孟昭朋：《华北电力学院院史》，华北电力学院，1988，第 83—84 页。
② 孟昭朋：《华北电力学院院史》，华北电力学院，1988，第 107、126 页。
③ 朱永利：《我在华电问道的前 20 年》，转引自华北电力大学党委宣传部《华电记忆》第五辑，2018，第 85 页。

个大家庭，奇孙之名是喜爱他的爷爷特别给他起的。1955 年杨奇孙高中毕业，进入浙江大学的电机与电器制造专业就读。1960 年毕业后的杨奇孙来到北京电力学院成为一名教师。受益于学校的青年教师培养政策，他在电力系统自动化教研室工作从事继电保护专业课教学，并得以在上海交通大学、天津大学进修了一年半。杨奇孙勤奋好学，跟踪电气和电子知识前沿，痴迷于电力系统各种暂态过程的研究，以及相应的故障控制。他还学习了解国际最先进的计算机技术，经常利用一本字典勤奋学习英语，使用一台半导体收音机收听朝鲜的英文广播来加强英语学习。

1978 年党的十一届三中全会召开之后，杨奇孙获得发展良机。1979 年国家准备首次在全国范围内选派 200 名科研人员到国外进修，由于杨奇孙的工作业绩优异，英语基础良好，品行受到认可，被华北电力学院的主要领导推荐了出来。在自己进修应去的国家和大学上，杨奇孙出人意外没有选择欧美，而是选择了澳大利亚。因为他跟踪了解到 20 世纪 70 年代的世界计算机保护领域的奠基人之一伊恩·莫里森（Ian Morrison）教授，就在澳大利亚新南威尔士大学工作。因此他前往新南威尔士大学学习，求师于莫里森教授。

出国之时，杨奇孙改了名字，这并非他有意为之，而是因为外事部门人员的疏忽，写错了他护照上的名字，“孙”错写成了“逊”，从此成为杨奇逊。从 1979 年 8 月，杨奇逊来到澳大利亚新南威尔士大学后，沉浸于微型计算机的玄妙世界，并在之后有了突破性的发现。澳大利亚森林野火每年频发，而野火对输电线路的长弧高阻接地影响很大，困扰着澳大利亚电力局，一直解决不了。经过深入钻研，杨奇逊根据电力系统保护基本原理，“以 6809 微处理机为核心，利用故障相电流的突变量同零序分量的差值正比于流过故障接地电阻的电流这一特征，排列出微分方程的依据进行研究”。在此基础上，到了 1980 年 8 月，他成功研制了 M6809 大电阻接地距离保护装置。这套装置能在千分之七秒的时间内计算出电力短路点，并快速切除故障线路。这个理论发现和装置发明，创造性地解决了世界级的继电保护重大难题。

杨奇逊的突破受到了世界关注，1981 年英国电气工程学会会议上宣读了他的《微型计算机高阻接地距离保护》研究论文，澳大利亚电力局也决定出资帮助他开展研究和攻读博士学位。1981 年 11 月 18 日《光明日报》向国内介绍了他的进步，报道了他在澳大利亚的独创性贡献。1982 年 1 月杨奇逊提前一年完成了专业研究，获得博士学位。回国之后，他在学校的帮助之下，利用动模实验室附近腾出来的一间约 15 平方米的狭长小屋，在两位助手的支持下长期研究，制造出了中国第一台微机型保护装置，于 1984 年 5 月 14 日于河北邯郸市马头电厂试运行成功。1984 年 11 月，这套 MDP-1 型微机距离保护装置参加全国首届微机应用成果展览会，获得一等奖。之后这个技术及产品持续得到试验和推广。

1986 年在辽宁省辽阳供电局，中国第一套 WXB-01 成套微机线路保护装置投入运行。1987 年 9 月 26 日在邯郸供电局，河北省电力局通过人工短路试验，通过了我国第一套实用化的高压线路微机保护装置。随后河北省电力局在石家庄、定州、保定之间的两条双回线上，应用上了这个微机保护装置。这项成果，还实现了中国电力自动化行业首次软件技术的外销，1985 年 9 月英国 CSD 公司购买了这套微机故障测距软件。因此，这个第一台高压线路微机保护装置获得了 1989 年国家能源部科技进步一等奖，以及 1990 年的国家科技进步二等奖。由于突出的贡献，1994 年杨奇逊成为首届中国工程院院士。①

杨奇逊的成功之处，还在于深度实现了“产、学、研”的扎根落地。他和他的科研团队，组织了南京电力自动化设备厂、许昌继电器厂与华北电力大学微机保护研究室等，在 1992 年 9 月联合创建北京市四方保护控制有限公司，并在 1994 年 4 月与美国哈德威公司共同出资注册北京哈德威四方保护与控制设备有限公司，杨奇逊任总经理。杨奇逊联合多方成立了四

---

① 杜祥琬：《20 世纪中国知名科学家学术成就概览 · 能源与矿业工程卷 · 动力和电气科学技术与工程分册（二）》，科学出版社，2014，第 334—343 页。

方公司，实现了科技成果向市场的成功转化。[①]

总体来看，华北电力学院在保定迅速发展，而且成为河北省唯一一所全国重点院校，水利电力部和河北省都十分重视。学院计划今后学生人数发展为6000—10000人，建成中国一流的电力大学，这些着实令大家兴奋不已。[②]

但是对于学院的发展，教职工不无隐忧。其中的一个就是保定相对于北京，地缘优势不足。因为两地分居家在北京、人在保定工作的教职工，生活上困难挺多，有些老师想调走，所以这样子给学校办学又增加了很多困难。[③] 年长的校长刘屹夫品格令人敬重，在各方面做了大量工作，包括规定教职工许进不许出，代表学校拒绝了很多有着北京户口的职工包括个别干部的回京想法，稳定了教师队伍。[④]

但是随着社会的发展，很多人的回京想法越发迫切。面对这个问题，学院的进一步发展——兴办研究生部，成为关键因素，稳定住了学院的局面，“解决了我们这个问题”。[⑤]

综观北京电力学院从邯郸迁到保定，并先后更名为河北电力学院、华北电力学院的这段时期的发展和变迁史，有以下四点值得注意。

一是北京电力学院从岳城水库迁到保定迎来生存转机。首先，保定是一座历史文化名城，位于河北省中部，距北京152千米，历代为京畿重镇，被称为北京南大门。保定在清朝为直隶省首府，新中国成立后一度为河北省省会。其次，学院迁入地为河北省人委原大院。1966年，河北省委、省政府从保定迁至石家庄，省直机关也随迁，故保定遗留了部分老房子。省人委大院占地90亩，建筑面积1万多平方米。位于保定市北关地段，东临

---

① 张渝：《烟雨平生：电力行业两院院士与勘察设计大师素描》，新华出版社，2004，第227页。

② 戴克健：《我与华电》，转引自华北电力大学党委宣传部《华电记忆》第二辑，2015，第11页。

③ 《高之樑口述》，见华北电力大学档案馆《口述》第一辑，2021，第196页。

④ 《车同乐口述》，华北电力大学档案馆音频资料，笔者整理。

⑤ 《高之樑口述》，见华北电力大学档案馆《口述》第一辑，2021，第196页。

建新街，西傍青年路，北邻国际体育俱乐部（业余军体校），南接邮政机械厂。这是邯郸及岳城水库无法比拟的。可以说，经过两次搬迁的北京电力学院，人心浮动，教学、生活设施严重损坏，已经元气大伤，迁到保定既为学校后来发展奠定了重要基础。

二是“文革”期间，高等教育不能正常进行，造成社会各行各业人才断层，尤其是科学技术人才短缺成突出问题。随着全党的工作重心转移到经济建设上来，重视、支持教育事业的快速发展成为党和国家的当务之急。河北电力学院被列为全国新增 28 所重点高校之一，更加凸显了国家电力工业建设人才培养教育基地的重任。成为全国重点高校，是该校办学史上一个新的里程碑。后来学院领导体制与校名再次发生变化。学院改由水利电力部与河北省双重领导，以部为主；校名由河北电力学院改为“华北电力学院”。从此，几代华电人秉承自强不息的优良传统，开拓进取，使带有“华北”二字的校名，由河北走向全国，走向海外。

三是立足保定、名为河北电力学院，仍薪火相传，始终牢记使命。根据新时期国家对高等教育和为电力工业培养人才的任务要求，进一步明确了各专业的培养目标和规格，重新修订或制订了各专业教学计划。增加了基础理论教学内容（各专业增设了“工程数学”），特别是基础课内容和教学时数得到了增加。为加强基础课（包括专业基础课）教学，学院采取了许多措施，如倡导具有高级职称的教师讲授基础课，要求有丰富教学经验教师主讲基础理论课等。努力扩大学生知识面、加强学生能力的培养、优化学生知识结构等方面也得到了应有的重视。为加强学生能力培养，要求从一年级抓起，四年在校学习期间做到“三个不断线”，即外语学习（从基础部分到专业阅读）不断线，计算机学习和应用不断线，实践性教学不断线。

四是加强了与世界联系，立足教学、科研和服务相结合的发展方向。与世界高等教育迅速接轨，派出大批教师出国学习进修，极大地改变了该校师资水平和科研实力。同时，注重科研成果迅速转化为可以应用的高精尖技术，服务国家社会发展需要和人民生活所需，不仅有益于国计民生，还是学校得到行业认可、肯定，受到社会越来越重视的根本原因。这所学校在这一时期呈现的开放、谦虚、奋进的品格和气质，不仅令人难以忘怀，更彰显了其独特历史和办学精神。

第七章　艰难回京：华北电力大学之两地办学一体管理（1978—1995）

1995年，华北电力学院、北京动力经济学院在北京联合组建了华北电力大学。这既是一个新学校，也是原在北京的老学校的部分回迁。这次学校组建经历了漫长而曲折过程，凸显了中国高等教育发展的历程和特点，即政府对高等教育发展的影响。华北电力学院的教职工及学院领导，很多人的心中应该有一个永不消逝的回京之梦。回京意味争取国家更多的支持，意味争取更好的办学条件。为了这个梦想，华北电力学院的领导和教职工们持续不懈做着努力。而华北电力学院争取返京的努力，以及联合建校的奋斗，也显示了高校与政府、社会之间的多方互动。本章即介绍这一过程，也同时探讨这一过程中高校与行业主管部门、中央政府之间的互动。

第一节　在清河创办北京研究生部

1977年，水利电力部技改局恢复组建了科学研究院，同时因人才缺乏急需补充大批专业人才。这年下半年，华北电力学院提出和恢复成立的科学研究院合作，利用华北电力学院北京尚存的校舍，合办一个北京研究生部。而这件偶然事件成了华北电力学院返回北京（部分）的契机。

一　行业主管部门和教育部的请示

1978年，一份水利电力部副部长张彬、教育部副部长高沂联合签字的向国务院的请示报告，正式开启了华北电力学院的一个新阶段。这份报告中写道：

> 利用原北京电力学院校舍举办华北电力学院北京研究生部（与水电部电力科学研究院合办，规模一千人左右）；利用原北京水利水电学院校舍举办华北水利水电学院北京研究生部（与水科院合办，规模八百人左右）。今年两学院和两所科研院已招收研究生五十九名，将于十月份在京原校址现有房屋（电力学院现有一万平方米，水利水电学院三千余平方米）开班上课。今后两所学院均计划实行两地办学。在保定、邯郸着重办好大学普通班，在京办好研究生部。[①]

这份请示报告简明扼要地说明了华北电力学院与华北水利水电学院前身情况，水利电力培养高级技术人才的需求状况，以及当时的在京基础。这份请示报告发出之后，1978 年 10 月，国务院同意了这两所学校研究生部的招生。[②]

二　高等人才短缺成为急需解决的问题

随着邓小平提出的科学技术是第一生产力的论断为中国社会所广泛接受，而在电力部门，加强电力科学研究成为当务之急。水利电力部有意将海淀清河小营电网所，恢复为电力科学研究院。考虑到人员不足，电网所所长张树文派人到华北电力学院，希望能够要来一些毕业生。华北电力学院高之棵负责此事，他回忆与电网所谈这事颇有困难："给你们毕业生没有问题，但工农兵学员年龄偏大，基础相对薄弱，77 级学生刚招生，作为

① 《关于华北电力学院、华北水利水电学院利用在京原校舍举办研究生部的请示》，校档案馆。

② 丁清：《走在学校发展的关键节点上》，转引自华北电力大学党委宣传部《华电记忆》第二辑，2015，第 31 页。

科研机构还是要研究生更合适。”[①] 毕业生包括工农兵大学生是可以提供的，但是电网所最急需的是符合科研需求的人才，比较符合未来需求的1977级新生，还没到毕业的时候，所以目前还无法提供毕业生。这是一个难题。

如何解决这个难题，有的人从当时发生的一件事情中得到了启发。中国科技大学恰在当时《光明日报》上刊登了一则消息，说是与中国科学院合作，在北京成立了中国科技大学研究生院，这所研究生院也是当时第一个大学研究生院。这种利用已有校舍空间，在北京拓展发展空间的方式引起了学院的关注。考虑这个情况，高之樑建议，可否学习中国科技大学，华北电力学院与电网所合作起来，联合培养研究生？高之樑认为恰好华北电力学院在北京还有部分校舍，就在电网所旁边，有办学的可能空间。双方感到这个意见很不错，因此，决定各自向双方领导汇报。高之樑将此事报告了华北电力学院的主要领导，受到了院长等人的积极赞同。考虑到与中国科技大学的差距，高之樑建议合作可以从建立研究生部开始，而不是建立研究生院，这个也得到学院主要领导的肯定。

在学院积极支持之下，一周后高之樑来到北京，拜访了电网所所长张树文。张树文对此意见十分赞同，并在如何请示水利电力部的方式方法上，给出了一个建议。张树文不建议直接通过部里的教育司打报告上去，这样可能会造成华北电力学院想回北京的印象，在当时禁止出京高校返京的氛围下，这么做容易把事情办糟了。他建议可以由电网所向水利电力部科技司汇报，请科技司与教育司商量，如果两个司都同意，两个司再一起联合向水利电力部部长呈交报告，这样子容易批下来。后来的具体办理，就采用了这个办法。办理的同时，电网所、华北电力学院曾对华北水利电力学院封锁消息，不希望扩大知晓范围、增加工作难度。但是上报过程中，华北水利电力学院还是得知了这个消息，并加入其中，最终形成了两

① 丁清：《走在学校发展的关键节点上》，转引自华北电力大学党委宣传部《华电记忆》第二辑，2015，第31页。

所学院、两个研究所共同申请，分别办两个研究生部的情况。[①]

水利电力部对于此事认真推动，特别联动了教育部，一起协作推进。最终水利电力部做成了这件事情，这个报告获批了下来。这对于华北电力学院来说，可谓一件大喜事。

三　联合成立华北电力学院研究生部

1979 年 2 月 5 日，水利电力部发文，同意以华北电力学院为主联合电力科学研究院（电网所），成立“华北电力学院研究生部”。新的研究生部招生规模核定为 1000 人，1978 年首批招收研究生 43 名，其中华北电力学院 15 名，电力科学研究院 28 名，学制 3 年。这些研究生专业的设置为：电力系统及其自动化、发电工程（含热力、机械）、高压工程、理论电工。[②]

华北电力学院研究生部的成立具有重要的现实意义。一方面稳住了一些老教师，有些双职工、有北京户口、能带研究生的老教师逐渐往北京转移，来研究生部带研究生，这样子逐步转移了一些教师来到北京。另一方面，培养了一些研究生“反哺”华北电力学院，研究生部培养出来的研究生，开始输送到保定，作为华北电力学院的师资，补充了新鲜力量。

> 所以研究生部办了以后，确实也为学校输送了一批不错的师资力量。办研究生部，正好是咱们学院抓住了这个机遇。……办了研究生部以后对学校的发展起了相当大的作用，一是保证学校原来的一些老教师的实力，同时又培养了一些青年教师。[③]

这样的双循环启动之后，华北电力学院的北京研究生部和保定校部，实现了双发展。同时，这个研究生部的新发展，也促进了华北电力学院和

① 《高之樑口述》，见华北电力大学档案馆《口述》第一辑，2021，第 199—200 页。

② 朱常宝主编《华北电力大学校史（1958—2008）》，中国电力出版社，2008，第 49 页。

③ 《高之樑口述》，见华北电力大学档案馆《口述》第一辑，2021，第 202 页。

电力科学研究院的人才培养。在学生培养上，不仅华北电力学院派来的研究生来学习，电力科学研究院招收来的研究生也在那儿培养。高之樑回忆道：

> 当初不光是华北电力学院招的研究生在那里培养，电科院招的研究生也在那里培养。电科院在京外的研究所，像西安热工所、南京自动化所等这些所的研究生也到北京研究生部来，所以当初不光是学院的研究生，还有电科院的研究生。前一年多时间是上课期间，都在研究部上课，有的课是我们的老师开，有的课是电科院的老师开。等到做课题搞科研的时候，电科院的研究生回电科院做，电力学院研究生还继续在研究生部做。所以当初还是不错。①

1984 年，华北电力学院研究生部已经发展到了一定规模。该年底招生总数为 340 人，这些学生中包括代培研究生班、助教班的学生。学生之中，属于华北电力学院的有 168 人，属于电力科学研究院的则有 172 人。平时在校就读的学生数已经有 288 人，已经毕业的则有 154 人。此外，研究生部还在 1982—1984 年为国家教委代招了出国预备生 10 名。华北电力学院的教职工向北京回流也在持续，仅在 1984 年 6—12 月，就先后有三批共 35 名教职员工调入了研究生部，到了 1984 年时华北电力学院研究生部的教职工总数已经达到 192 人。教职工之中的 87 名教师，有 57 人具有高、中级技术职称，保障了研究生部的较强教学实力。发展规模扩大之后，党员总数也在增加，因此在 1984 年 11 月，研究生部在原党总支的基础上建立了党委。②

华北电力学院与电力科学研究院合作方式也在发生变化。研究生部成立初期，电力科学研究院在科研方面有优势，华北电力学院在基础课教学方面较为完备，双方的合作有很大互补性。有人戏称：研究生部是个新生孤儿，

---

① 《高之樑口述》，见华北电力大学档案馆《口述》第一辑，2021，第 201 页。

② 孟昭朋：《华北电力学院院史》，华北电力学院，1988，第 92—93 页。

妈妈在保定不断地输送血液和奶汁，保姆是北京电力科学研究院，就近抚育成长。①

> 因为校园中的住房实在紧张，我们入学后，男生只能住在原来学校实习工厂车间改建的宿舍中，只有女同学才被幸运地安排在“酱豆腐”中。……1983年研究生部招生规模很小，全电力学院的研究生也不过20人左右。……我们这一届共两个班，各班由来自4、5个单位的研究生混合编成。集中的课程学习时间大约一年，然后，研究生返回本单位跟随自己的导师做论文。……虽然名为“华北电力学院研究生部”，但实际上研究生部是由电力学院与电力科学研究院合办的，我们的任课老师也主要来自这两个单位。当时研究生部的办学条件各方面都较差，可给我们上课的都是好老师。不同的背景使得老师们的教学风格有明显的特征：来自电力学院的老师多为从事教学多年的老教师，教学经验丰富，讲课挥洒自如；而来自电力科学研究院的老师多为资深的工程师，实践经验丰富，讲课细致入微。给我们上过课的老师很多，有几位给我留下了深刻的印象。②

1985年5月，水利电力部批准将北京研究生部由联合办学形式，改为以经济合同制为主的双方协作形式。从此，电力科学研究院自行成立研究生部。③

第二节 积极争取办学场所与回京之地

华北电力学院研究生部办起来了，但是与此同时新的困难逐渐凸显出

① 在笔者访谈沟通和所见口述资料中，有多位离退休教职工有类似说法。

② 张一工：《我与华电》，转引自华北电力大学党委宣传部《华电记忆》第三辑，2016，第129—130页。

③ 朱常宝主编《华北电力大学校史（1958—2008）》，中国电力出版社，2008，第50页。

来，就是办学场所的问题。

一　协商校舍归属问题

> 总想教教学，办点正事。所以说老师是这个愿望，学生是这个愿望，这研究生部一拍即合，你让他不好好学不可能，让他不好好教也不可能。但是学校里头房子有限的就几间，教室一间没有；也没有食堂，在院里吃饭；住宿在哪呢？实验室搬走了，还剩空房，就在地上打地摊，连个床那阵儿都没有，就是睡在地上，就是这样一个状况。怎么办呢？因为不是一个单位俩单位这样，起码有几十个单位都是这样，要办研究生部，已经批准了，但是没条件，没有房子你办什么呢？所以说原单位的人都起来，跟占房子单位打官司，要房子。①

时任华北电力学院人事处副处长的孙国柱，他回忆水利电力部教育司司长徐英才，曾打电话让他到北京作为水利电力部代表，跟四机部②打官司，要房子。

这个房子就是北京电力学院的校舍，但是被占了去，无人会轻易奉还。这所校舍自从 1970 年变动归属后，就一直有争执发生。

1980 年 3—5 月，水利电力部与四机部达成了一个初步协议，字面上解决了这一争执，并上报给国务院备案。之所以说是“字面上”，是因为这份协议事实上没有执行。

> 一、原电力学院清河校舍三万一千零六十六平方米包括水、电、暖及其他公用设施的产权全部交给四机部十九研究院。
>
> 二、四机部从一九七七年列入北京市计划的建筑指标内拨一万一

① 《孙国柱口述》，见华北电力大学档案馆《口述》第一辑，2021，第 69 页。

② 四机部全称是中华人民共和国第四机械工业部。1963 年 9 月从第一机械工业部拆分出四机部。其主要负责电子工业。1982 年 5 月，第四机械工业部改称电子工业部。

千平方米给水电部水电科学院（按每平方米造价120元计算），并按国家规定投资比例拨给统配材料。建设地点、施工组织及手续的办理由水电部负责。

三、电力建设研究所现占用办公大楼的房子于一九七六年底以前全部腾出交给十九院；院内其它房屋，于一九七七年底以前腾出交给十九院；院外小营家属宿舍楼的住户于一九七八年底以前全部搬出，空出的房屋、随搬随交。水电部所属单位今后不再分配人员住进上述房屋。

四、按协议规定水电部有关单位暂住上述房屋的人员，十九院负责供应水、电、暖气；水电科学院合理负担应分摊费用。

产权移交后，房屋的管理修缮由十九院负责，水电部有关单位暂住上述房屋人员，按十九院现行规定向十九院缴纳房租、水电费。这些人员使用的公共家具不归十九院，十九院也不负责供应上述人员家具。

五、为了确保机关的安全，维护大院秩序，在水电部所属人员未完全撤出以前，由十九院负责在西门、南门设立门卫传达，以十九院为主同水电科学院商量制定门卫传达制度，由十九院统一签发出入证件，共同遵守。

六、本协议签字后，一个月内由水电科学院和十九院办理房产档案资料和产权的交接手续。交接工作要以阶级斗争为纲，政治挂帅，两部都要对所属人员进行政治教育，要顾全大局，互相体谅，互相支持，加强团结。[①]

除了以上的内容，第四机械工业部、电力工业部双方还在1980年5月22日达成另一份协议：

四机部与电力部双方达成如下协议：

① 华北电力大学档案馆馆藏档案。

一、在华北电力学院校舍问题未最后解决以前，四机部十九院和电力部华北电力学院北京研究生部，各自使用现在所用的房屋，暂时维持现状，不迁入新单位，不再新建房屋。

二、目前，华北电力学院北京研究生部职工占用四机部十九院使用的五间职工宿舍，不再退还，今后双方不再擅自占用对方使用的房屋。

三、四机部要求十九院、电力部要求华北电力学院北京研究生部，教育和约束本单位的职工，今后要与对方和睦相处，协同办事。协同解决不了的问题，应各自向主管上级反映解决，避免发生新的矛盾。[①]

协议书中所述，可见双方为了这一所校舍所发生的争执，已经到了很激烈甚至产生冲突的程度。

1980 年前后，不再是电力建设研究所，而是华北电力学院北京研究生部的职工与四机部十九院发生争执，而且华北电力学院北京研究生部还成功新占了五间职工宿舍。在笔者访谈中，不止一名教职工谈到，当时与十九院曾发生着各种各样的争执。

逐渐增多的研究生，使得校舍有没有、有多少，成为华北电力学院能不能“存活”下来的关键。继续要校舍，难上加难，但华北电力学院研究生部在部里的支持下，不停寻找各种出路，但依然是屡屡受挫，毫无办法。对于这段挫折，当事人孙国柱印象极为深刻：

就这样我跑了一两年，没结果。……我们一块儿跑的有多少单位，我也说不清楚了，大概都有一些，谁跑出结果来了？谁也没有。[②]

二　转机

1984 年，四机部为了发展，在北京农展馆一带准备建设一栋 60 万平

---

① 华北电力大学档案馆馆藏档案。

② 《孙国柱口述》，见华北电力大学档案馆《口述》第一辑，2021，第 69—70 页。

方米的大楼，这个过程中就出现了一个“瑕疵”，过不了北京市建委的审批。

原来，四机部报的农展馆大楼建设规划中，为了建设更大的办公楼，把在北京电力校舍办公的38人也写进了新楼建设规划之中。而这是违反规定的。为了此项工作四机部的办公厅主任，亲自来到北京电力学院校舍商量。

> 在四拨子，锅炉房有个大烟囱，大烟囱往西有一条路，路也能走过汽车去，不宽那个路，一直到西大门，他们就停这一条路上。当时问我说：“老孙啊，你不是要房子吗?”我说：“是啊，我要房子，不然我们怎么办学?”“你说说你要多少啊?”这可是难题，我不敢说啊，我要说要个10间8间的不少啊，相当不少，我害怕人家一个是答应了10间8间的，行就给你吧，我完了；一个是人家不同意，这就吹了。……我说：“我们领导没在北京，都出差了，还得一个星期、俩星期能回来，回来我们商量以后我再告诉你。”“那儿哪行，那可不行。那可等不了。”……我们俩站着，就站在那个锅炉房前面，那儿有个大烟囱，就站在那儿，“咱们以这条马路为线”。……“你要北区，还是要南区?”我还用商量吗?北边的房子，电力学院在四拨子北边的房子起码有百分之七八十，两个学生宿舍楼，一个办公大楼加上学生教学大楼，还有运动场都在北边啊，南边就俩食堂、一个汽车房。我要了，我说：“我当然要北边。”“一言为定，你说了算?”我说：“我说了算。”我那时候敢负责了，我做梦我也想不到，我给人磕多少头去，也不会说要回十间八间的。就这样，就决定了。[①]

由此，华北电力学院北京研究生部一下子获得了原来北京电力学院的80%左右的建筑面积，这令水利电力部和华北电力学院都很满意，华北电

① 《孙国柱口述》，见华北电力大学档案馆《口述》第一辑，2021，第71—73页。

力学院北京研究生部的办学空间得到了根本上的保障。

第三节　成立管理干部学院和回京发展

华北电力学院北京研究生部逐渐壮大中，遇到了难以解决的问题：因研究生部属于校址在河北的华北电力学院，在北京海淀清河的原北京电力学院校址里，无法进行扩容，无法进行教学楼、宿舍楼等基础建设，更不能购置土地。对于这个困境，孟昭朋记得特别清晰，他也谈及“后来的管理干部学院的成立”，与时代机遇紧密相连：

> 很明确的一个念想，就是把北京这所学校和华北电力学院要拉在一起，这样成立一个像样的大学，使华北电力学院能够回到北京来，就是这么个概念。因为我们班子新成立以后，我和王院长到清河去，当时提的一个问题是我们清河这个研究生部姓“北”还是姓“华”？就是说你是北京的还是华北电力学院的，要是姓“北”，你没有北京户头户口不行。所以这涉及后来的电力管理干部学院的成立，和后来两个学校的联合办学，这都是带有很大的强制性的这样连在一起。①

一　中央要求加速管理干部培养工作

1982 年 9 月，中国共产党第十二次全国代表大会提出了全面开创社会主义现代化建设新局面，确定了经济建设总目标，明确了建设有中国特色社会主义的方向。为了实现这个宏图，大会认为要把教育和科学作为经济发展的突破重点。改革开放初期，各行各业、各个地区已经深感人才匮乏之困。而且这个匮乏之中，由于多年的高等教育结构不合理，文、法、商比重太小的问题尤为突出。加强基础学科，积极培养财经、政法等应用学

① 《孟昭朋口述》，见华北电力大学档案馆《口述》第一辑，2021，第 155—156 页。

科人才成为当务之急。国务院综合各方意见，特别予以了推动，加速了管理干部的培养工作。

1983 年 5 月 18 日，国务院发布《国务院批转教育部等部门关于成立管理干部学院问题的请示的通知》。在这份 1983 年 5 月 10 日由教育部、国家计委、国家经委、劳动人事部、财政部联合上报国务院的请示中写道：

> 我们对成立培训在职管理干部院校的有关问题，拟暂作如下规定：
>
> 一、凡培训具有高中毕业以上文化程度的、学制在二年以上的、按大专院校课程进行教学的在职管理干部的院校，称为××管理干部学院（如煤炭管理干部学院），以便有别于面向社会招收高中毕业生的普通高等学校。
>
> 二、成立管理干部学院，分“筹建”和“开始招生”两段审批。有需要又有条件的，可以批准筹建；有专设的胜任的领导班子，有一支在数量与质量上同学院所设专业和学生规模相适应的、以专职教师为主的师资队伍，又有必要的校舍（包括教学用房和生活用房）和教学设备、图书资料等。……技术人员的培养力量薄弱，不宜采取撤销中等专业学校的办法来办管理干部学院。①

二　水利电力部及部属高校顺势而为

水利电力部及电力行业欢迎此事、乐见其成。而且水利电力部，包括华北电力学院，已经有了电力行业社会人才培养的成功经验。水利电力部一些部属高校办过一些短训班、师资班和语言培训班。据不完全统计，1974—1979 年，曾办班 15 次，培训 1000 余人。1980 年 1 月，电力工业部还在武汉水利电力学院举行高等函授教育筹办工作会议，扩大了部属高校

① 华北电力大学档案馆。

招收函授生的步伐。此后，武汉水利电力学院开始招收电力工程、水利水电工程两个专业函授生，而华北电力学院则于1981年7月成立了函授部。[①]

到了1982年5月19日，水利电力部将原有的水利电力部干部学校，升格改组为干部进修学院。干部进修学院负责培训水利电力部系统高、中级领导干部和后备领导干部，开办有电力工程、水利水电工程、经济管理等进修班和政治理论学习班。同时，也组织专业管理干部的培训工作，重点开展劳动工资、财务会计、计划统计和物资管理干部的培训。甚至组织起了外语水平培训，逐步建立英、法、日、德四个语种的教学系统，形成了水利电力部系统的外语培训基地。一度，水利电力部干部进修学院教职工编制有250人，其中教师130人，建筑面积扩展到了20000平方米，其中5000平方米为家属宿舍。[②] 这一时期，华北电力学院的高之樑被调到了部里，担任水利电力部教育司副司长、干校第一副校长，这对于以后华北电力学院的发展，是有益的。

原本有基础，这次又有了国务院批准，水利电力部借此迅速推动了部属各地水利电力管理干部学院的建设。在1984年，水利电力部在《关于成立武汉、南京、东北水利电力管理干部学院的批复》中，同意武汉水利电力学院、华东水利学院、东北电力学院成立三所管理干部学院："学校名称：分别为武汉水利电力管理干部学院，南京水利电力管理干部学院，东北水利电力管理干部学院。""主要任务：负责培训水利电力系统领导干部及其预备干部、经济管理干部、政工干部和工程技术干部，系统提高他们的经济管理和业务技术水平，促进最新科学成果在水利电力系统的推广、运用和普及。同时在干部教育方面要出经验，出教材，对部属单位进行帮助和指导。""规模：武汉、南京干部学院各为六百人，东北干部学院为五百人，其编制参照国家有关规定并考虑依托普通高校办学可充分挖掘

---

① 龚洵洁、胥青山编著《中国电力高等教育》，武汉大学出版社，2004，第108页。

② 朱常宝主编《华北电力大学校史（1958—2008）》，中国电力出版社，2008，第78—79页。

潜力的特点，暂定为：武汉、南京干部学院各一百人（内专职教师六十人），东北干部学院为八十五人（内专职教师五十人）。”①

武汉、南京、东北三所水利电力干部管理学院的建立，对于华北电力学院来说，不能不充满吸引力。而实际上在1985年3月下旬，华北电力学院已经正式向水利电力部、北京市等有关部门申请，在北京研究生部的基础上筹建管理干部学院。1985年7月23日，水利电力部下发了文件，正式批准成立北京水利电力管理干部学院。文件通知：

> 根据国务院国发文件精神，为适应新时期水利电力系统培训在职干部的需要，经征得北京市计委和成人教育局同意，我部决定成立北京水利电力管理干部学院。学院院址在北京市清河小营（原北京电力学院旧址）。在校生规模为六百人，实行多层次、多规格办学。学院领导干部正职按副地师级配备。

三　新学院带来一石两鸟之效应

1985年7月24日是正式挂牌的日子，北京水利电力管理干部学院成立了。上级批准的培养规模为600人，实行多层次、多规格办学。② 水利电力部于1985年9月18日任命华北电力学院院长王加璇兼任北京水利电力管理干部学院院长，同时调来了华北电力学院副院长翟东群转任北京水利电力管理干部学院常务副院长。华北电力学院北京研究生部在10月14日，举行了北京水利电力管理干部学院成立大会。③ 为进一步加强对北京水利电力管理干部学院的统一领导，华北电力学院党委1985年10月10日研究决定，由王加璇、孟昭朋、翟东群、孙秉枢四人组成北京水利电力管

① 华北电力大学档案馆。

② 朱常宝主编《华北电力大学校史（1958—2008）》，中国电力出版社，2008，第73页。

③ 孟昭朋：《华北电力学院院史》，华北电力学院，1988，第106页。

理干部学院工作领导小组，执行华北电力学院党委委派的任务。[①]

北京水利电力管理干部学院虽是水利电力部的直属单位，但交由华北电力学院管理，事实上或变相地等于华北电力学院有了保定、北京两个校区，只不过没有正式认定而已。因此，可以说，华北电力学院师生的回京梦又近了一步。

这所干部管理学院虽然招生规模与武汉、南京两所干部管理学院一样，但重要性明显有所不同，受到了水利电力部的更多重视，隶为直属。1985 年 8 月 30 日，水利电力部在批复中指明，北京水利电力管理干部学院是水利电力部在京的直属单位，水利电力部考虑这所新学院是在华北电力学院北京研究生部的基础上建立，要求北京水利电力管理干部学院与华北电力学院北京研究生部两者组建一套领导班子，承担起培训管理干部和培养研究生的双重任务。[②] 1986 年 1 月 8 日，在水利电力部报给国家教委计划司的报告中，言明了这所学院的特殊地位是独立设置，而其他三所则是依托办学：

> 国家教委计划司：
>
> 根据国发文精神，我部分别于一九八四年在南京、武汉和吉林三市依托部属高等院校筹建了南京、武汉和东北等三所水利电力管理干部学院（批准文号〔84〕水电教字第 46 号，于 1984 年六月一日报原教育部备案），于一九八五年在北京清河独立设置了北京水利电力管理干部学院（批准文号〔85〕水电教字 48 号，于一九八五年七月二十三日报国家教委会备案）。为进一步探索举办成人教育体系的模式和结构，以有利于提高教育投资效益和办学质量，我部对以上四所管理干部学院办学进行复审的意见是：北京水利电力管理干部学院为独立设置，归我部直接领导。其余三所为依托型办学，即河海大学附设

① 朱常宝主编《华北电力大学校史（1958—2008）》，中国电力出版社，2008，第 73 页。
② 朱常宝主编《华北电力大学校史（1958—2008）》，中国电力出版社，2008，第 73 页。

的管理干部学院；武汉水利电力学院附设的管理干部学院；东北电力学院附设的管理干部学院。[1]

华北电力学院单独“承建了”一所干部管理学院，而且有着清晰的远景规划。北京水利电力管理干部学院成立后，内部行政和教学机构渐趋完善。其中，教学方面则设有动力工程系、电力工程系、基础科学及社会科学部（1987年设为基础科学部、社会科学及管理工程系）、计算机工程系及培训中心、调度通讯培训中心（后改为通信工程系）、图书馆系。北京水利电力管理干部学院希望实现“三个转变”：由单一的研究生教育转变为既有研究生教育，又有成人继续教育；由相对独立性不强的一个系（部）级机构转变为相对独立性较强的副司局级学院建制；由单一的教育渠道转变为多渠道、多形式的联合办学。[2]

这所新的学院得到了快速的发展。1986年北京水利电力管理干部学院招生专业列入全国统一招生计划，是年8月招收到首届大专班学员101人，其中通讯专业47人，纪检专业21人，技术经济专业33人。此后直至1995年，共培养各类管理人才和专业技术人才11000余人，其中含本、专科生1044人，专业证书班学生近600人，各类培训学员10000余人次，以及党校班学员1467人。这所学院的发展，的确解决了华北电力学院北京研究生院的校园发展空间“卡脖子”问题。由于北京水利电力管理干部学院有了独立的“户头”，在水利电力部的有力支持下，1985年5000平方米家属宿舍楼的建设工程动工，到了第二年就竣工了，立刻解决了大部分在京教职工的住房问题。1986年启动了新的建设和征地工作，1987年5月至1991年8月，陆续建成了3900平方米学生宿舍楼（公寓楼）和2020平方米食堂，又在学院北面征地17亩，建设了5500平方米的教学楼、360平方米的浴室及操场。北京水利电力管理干部学院，以及华北电力学院研究生部

① 华北电力大学档案馆。

② 朱常宝主编《华北电力大学校史（1958—2008）》，中国电力出版社，2008，第74页。

的条件得到了极大改善。①

北京水利水电管理干部学院的快速发展，也便利了水利电力部党校建设以及相关培训工作。全国电力教育协会干部教育培训委员会、电力部专业技术职务考试办公室、通讯岗位培训中心也先后设于北京水利电力管理干部学院。

在当时形势下，水利电力部对管理干部学院发展也充满信心。在 1987 年 3 月，水利电力部所属 4 所管理干部学院在北京水利电力管理干部学院召开会议。会上水利电力部教育司司长许英才传达了全国成人教育会议精神，北京水利电力管理干部学院常务副院长翟东群传达了全国第三期经济管理干部学院院长研讨班精神，会上成立了水利电力管理干部学院研究会，还讨论了管理干部学院的任务和依托型管理干部学院内部管理体制等问题。在会后的《水利电力部管理干部学院会议纪要》中记载：

> 会议明确了在“七五”期间水电部所属管理干部学院的任务是：
>
> 第一，以岗位职务培训为重点。主要是对大中型企业领导干部（即厂长、党委书记、总工程师、总会计师、总经济师）进行岗位职务培训，部属四所管理干部学院培训的主要对象是部管干部和部委托举办的岗位职务培训试点班、师资班。在可能的条件下，承担部分中层干部的培训。
>
> 第二，开展继续教育。根据深化改革和现代化建设对经济管理干部技术干部的新要求，举办各类短期培训班，进行新知识、新技能的继续教育，使干部不断补充、更新知识，掌握新的本领。
>
> 第三，对一部分干部还要进行学历教育。学历教育按两类安排：一类是大专起点的二年制本科（含师资班）和第二学位的学历教育；一类是二年制大专学历教育。
>
> ……

① 朱常宝主编《华北电力大学校史（1958—2008）》，中国电力出版社，2008，第 74 页。

管理干部学院当前摆在第一位的是岗位职务培训，第二是继续教育，第三是学历教育，这个顺序不能颠倒，第一位不等于人数最多，要处理好三者的关系。[①]

在管理干部学院迅速发展的同时，水利电力部所属的高校，曾有一次团结的盛会。1986年8月6—9日，“水电部部属高校首届田径运动会”在华北电力学院举行，水利电力部部长钱正英发来了贺电，来自全国的水利电力部部属13所院校的342名运动员参加了比赛。开幕式上，华北电力学院的400名教职工和大学生武术队，还做了体操表演和武术表演。[②]

由于1988年七届一次全国人民代表大会决定撤销水利电力部，成立能源部，因此这次运动会也成为水利电力行业内空前绝后的一次运动会。部委隶属变更后，北京水利电力管理干部学院，也更名为北京电力管理干部学院。

第四节　北京水利电力经济管理学院和北京动力经济学院

这一时期，水利电力部下属还有一所新建学院，即北京水利电力经济管理学院。后来，这所学院又改称为北京动力经济学院，再往后，成为华北电力大学的一部分。北京水利电力经济管理学院的产生，与诸多原因有关。

一　亲历者关于建院初衷的不同回忆

在华北电力学院的教职工的记忆中，对于为何建此学院，有不同的说法。曾任华北电力学院、北京水利电力经济管理学院主要领导的孟昭朋认为，这所学院承担了华北电力学院通过联合办学，向北京转移的使命：

---

① 华北电力大学档案馆。

② 孟昭朋：《华北电力学院院史》，华北电力学院，1988，第109页。

> 我去的任务就是有这么一条，搞联合办学，实现保定的向北京的转移。但是那个时候已经不可能是整体转移了，现在这种情况就是比较理想的，这是一个。我后来在水电经管学院干了大概5年吧，形成了北京动力经济学院。在这个情况下，实现联合的时候，成立大学的时候，我基本上已经到（退休）点了。[①]

另一名参与创办北京电力学院的高之樑也回忆，原来水利电力部有个干部进修学院（非北京水利电力管理干部学院），但是这所学院教师少，力量也不行，承担培训任务有困难，加之改革开放以后需要大批经济管理人才，因此水利电力部教育司考虑，向部领导建议利用北京的一些空间、人才，成立一个经济管理学院，并获得了支持。高之樑还特别提到，这个提议与华北电力学院在北京恢复一个学校的思路有关。“当初办这个学院，也有点想什么呢，想在北京恢复一个学校。”[②] 高之樑还谈到，当时向国务院报告希望增加一所学院，还是很敏感的，刚开始国务院就压着水利电力部的报告没有批。后来水利电力部部长钱正英写信给国务院副总理，报告了各种考虑和必需的情况，才获得批准，同时还特别加了一个要求，就是不可以增加北京户口。[③]

这个说法获得另一位当事人彭淼的印证，他谈道：

> 咱们就怕不批，怕国务院不批，这时候就说写封信，钱正英钱部长给谁写信？给副总理写了封信。写信叙述我们学校，说（水电部）很需要建立一所高校，水利电力发展还是很需要的。当时一个部只允许在北京建一所。一开始没批，又去汇报什么的，以后批下来了。我看了批件，批了“同意”，但是有一条“不要增加北京户口”。就是说

① 《孟昭朋口述》，见华北电力大学档案馆《口述》第一辑，2021，第156页。
② 《高之樑口述》，见华北电力大学档案馆《口述》第一辑，2021，第207页。
③ 《高之樑口述》，见华北电力大学档案馆《口述》第一辑，2021，第207—208页。

在你现有人员里来成立学校，但是不要增加北京户口，意思是这样子。[①]

二　北京水利电力经济管理学院成立

1983年12月27日，教育部通知水利电力部，批准成立北京水利电力经济管理学院。“北京水利电力经济管理学院规模一千二百人，其中招收高中毕业生的本科在校学生规模为九百人，设置技术经济、计划统计、财务会计、劳动工资和物资管理工程五个专业，学制四年；干部专修科在校学生规模三百人，学制二至三年，设置电力工程和水利水电工程两个专业。学院由水利电力部与北京市双重领导，以水利电力部为主。”[②]

1984年1月28日，水利电力部任命高之樑为北京水利电力经济管理学院院长，南新旭、李正、谭方正为副院长。1984年1月30日，水利电力部党组决定，石云山任党委书记，彭森任党委副书记。1984年，水利电力部批复了北京水利电力经济管理学院基本建设总体计划任务书。明确了这所学院的主要任务是培养高级水利电力经济管理人才，同时承担在职管理干部的培训工作。这所学院的招生总规模定为2200人，其中本、专科生1200人，研究生200人，中专生600人，函授学院北京地区面授生200人。学院的总编制是990人，其中学院本部560人，西郊部分330人，经济研究所100人。学院的本部设在北京市东郊定福庄，此外，在北京西郊花园村、西单文华胡同等处还有教学、科研和生活用房。[③]

1984年，北京水利电力经济管理学院招收首届三个班的学生，分别为电力技术经济、物资管理工程、劳动工资三个专业共120人。另函授生90余名，研究生40名，在校学生达到349名。这年9月的教师节庆祝大会

---

① 《彭森口述》，见华北电力大学档案馆《口述》第一辑，2021，第238页。

② 华北电力大学档案馆。

③ 朱常宝主编《华北电力大学校史（1958—2008）》，中国电力出版社，2008，第81—82页。

上，钱正英专门参加了大会，并讲话鼓励大家一定要把学院办好。9 月 15 日的北京水利电力经济管理学院首届开学典礼上，水利电力部副部长赵庆夫等领导参加了开学典礼，担任院长的高之樑提出“团结、勤奋、求实、创新”的八字校风，后来被华北电力大学承继下来。[①]

1988 年 4 月，七届全国人民代表大会一次会议作出重要决定，煤炭部、石油部、核工业部和水利电力部撤销，共同组建成立能源部，单独成立水利部，这个调整一直保持到 1993 年。在国家教委倡导联合办学的指导下，能源部教育司组织推动了北京水利电力经济管理学院的发展，并开始在 1989 年联合华北电力学院北京研究生部共同办学，到了 1990 年，能源部同意两所学院试行了一体化管理，这一举措推动了北京校区的形成，为后来组建华北电力大学奠定了基础。[②]

三　更名为北京动力经济学院

随着北京水利电力经济管理学院的办学逐渐稳定，加之水利电力部已被撤销，大家认为学院应该改一个新的名字。1992 年 5 月 22 日，能源部致函国家教委，希望将北京水利电力经济管理学院更名为北京动力学院：

> 一、现校名含义狭窄且过长，难以完整体现一所工科高校的内涵，在使用校名的多年实践中，也深感诸多不便。现校名还常常被误解为成人教育中的管理干部学院，对此，师生意见大，要求更改校名的呼声十分强烈。
>
> 二、现校名与学校目前的专业设置不符。该院现设置 6 个本科专业：技术经济、物资管理工程、工业管理工程、电气技术、热能工程、会计学；4 个专科专业：劳动人事管理、用电管理与监察、电力系统通信、微计算机应用。现有本专科在校生 645 人。国家教委批准该院的总规模为 3000 人，该院规划中还要增设有关动力方面的工程技

① 朱常宝主编《华北电力大学校史（1958—2008）》，中国电力出版社，2008，第 83 页。

② 华北电力大学党委宣传部：《华电记忆》第四辑，2017，第 204 页。

术专业和技术师范专业。

三、新校名“北京动力学院”符合高等院校命名的一般规范，能准确地反映学校性质。动力是一个行业范畴，作为校名自然可以包含技术、经济、管理等行业需要的各类专业。现各部委所属院校基本如此，单纯的经济、管理院校是极个别的。[①]

经过努力争取，学院最终更名为北京动力经济学院。

1992年10月22日，北京水利电力经济管理学院正式更名为北京动力经济学院并举行挂牌仪式。这次活动很受重视，水利电力部原部长、时任全国政协副主席钱正英，以及能源部副部长史大桢、国家能源投资公司总经理王文泽[②]等领导参加并表示祝贺。这所学院由能源部和北京市双重领导，以能源部领导为主，集普通高校和成人高校于一体，本部设在昌平朱辛庄新校区，同时保留清河小营校区，主要开展成人教育。1993年9月，在能源部党组的任命下，北京动力经济学院党委书记为孟昭朋，院长为沈有昌[③]，党委副书记兼副院长为朱常宝，副院长是徐大平、谈德茂、杨志远。[④]

北京动力经济学院更名的同期，拆分也发生了，源自水利电力部的水利、电力两支学校力量自此分道扬镳。1983年并入北京水利电力经济管理学院的三个组成单位，一个是华北水利水电学院北京研究生部，一个是北京水利水电学校，还有一个是动能经济研究所，分别脱离学院独立发展。

---

① 1992年5月22日，能源部文件，能源人［1992］492号：关于北京水利电力经济管理学院申请更名北京动力学院的函。

② 王文泽（1942—2023），山东淄博人，中共党员。1990年后任能源部党组成员、办公厅主任，国家能源投资公司总经理，国家开发投资公司筹备组组长、党组副书记，国家开发投资公司总经理、党组副书记，总经理、党组书记。

③ 沈有昌（1937—2014），吉林省德惠县人，1958年9月于哈尔滨工业大学电机工程系就读。1961年随专业转入北京电力学院电力工程系学习。1963年7月毕业留校工作，在电力系统继电保护自动化专业任教。经历了北京电力学院、河北电力学院、华北电力学院等不同时期，先后任副系主任、教务处长。1985年任华北电力学院副院长。1990年8月任北京水利电力经济管理学院副院长。1993年8月任北京动力经济学院院长，兼北京电力管理干部学院院长。1995年9月任华北电力大学副校长，兼华北电力大学（北京分部）校长。

④ 朱常宝主编《华北电力大学校史（1958—2008）》，中国电力出版社，2008，第94页。

这一决定发生在1992年5月18日，水利部、能源部联合发文，通知北京水利电力经济管理学院隶属关系发生了变化，组成部分发生了拆分、划转：

> 北京水利电力经济管理学院及其西郊分部：
>
> 为理顺关系，便于管理，经两部协商，同意将北京水利电力经济管理学院西郊分部（华北水利水电学院北京研究生部、北京水利电力函授学院）的隶属关系，由能源部划转水利部，有关人事，财务及其他关系，均改由水利部管理。划转后，西郊分部定名为北京水利水电管理干部学院，保留华北水利水电学院北京研究生部，将北京水利电力函授学院改名为北京水利水电函授学院，并予保留。
>
> 上述划转完成的同时，北京水利电力经济管理学院由能源部领导、管理。[①]

第五节　两地建设新校区，拓展办学新空间

昌平朱辛庄校区是北京水利电力经济管理学院，也即北京动力经济学院最终的学院院址所在，同时也是华北电力大学1995年建校时的校区所在，现在位于北京昌平区史各庄街道的朱辛庄村所属的北郊农场之中。[②]因为这个地点相对于城区距离遥远，甚至比北京电力学院时期的海淀区清河镇小营的校区，还要向北6千米，为了延揽生源、有效利用北京区位优势，故此次建校之后，学校长期把自己的地址对外称为“北京德胜门外朱辛庄”。新的这个对外地址把一所距离德胜门城楼17千米、位于郊区昌平南部的学校，“调整”成了位于北京北二环德胜门城楼北侧不远似的。因

① 《关于明确北京水利电力经济管理学院及所属西郊分部隶属关系的通知》，华北电力大学档案馆。

② 目前校区已经属于北京市昌平区史各庄街道辖区，在北京大型居住小区回龙观的北侧。

此不少新生到了北京，乘车出了德胜门寻找校区的长长的路程成了人生的难忘之旅。不少人对这段路程感到郁闷，看到新建的校园感到失望。但是长久之后，接纳、喜欢上了这块新校区的学生们，又熟悉了一个诙谐有趣的提法："有缘千里来相会，德胜门外朱辛庄。"①

一　来之不易的朱辛庄校区

北京水利电力经济管理学院建立时利用了北京水利水电学校的校园，设想学院多层次办学，附设中专班，待发展到一定规模，再在朝阳区定福庄校园旁进行扩征地100亩。但在定福庄扩征土地规划上，不仅没能实现突破，还不得不放弃定福庄校园，另选校址。高之櫆回忆：

> 那时候学院在东郊定福庄（现朝阳区定福庄）。定福庄校园的地方比较小，本来是准备学院办起来跟规划局再谈扩大规模，搞个几百亩地。但是后来中专的人有意见了。中专的人开始愿意合并，因为要合并之前，他们请我去讲了讲，说愿意；但是真到合并了以后，他们感觉，好像你们是老大，我们是小弟，心里不痛快了，就不愿意了，说我中专只招一两个班、两三个班，这个规模也挺小，也不像个中专校，所以不愿意了。中专不愿意了，就把这个意见反映到水利局。……这样子的话，规划局一听，他竟然有这么大意见，说那不准你学校在这里再扩大规模了、再盖房子了，那学校就没法办下去了。没法办下去，怎么办呢？部领导出面跟北京市谈，学校也到北京市去找有关领导。后来部里领导跟市里领导商量以后，做了一个决定：大学另征地盖房子，现在已经盖了的房子跟地留下来办中专，把中专给

① 在无数友人、学生对2021年辞世的蔡利民教授的追忆文字中，很多人谈起这句名言："有缘千里来相会，德胜门外朱辛庄。"学生们回忆这句名言是蔡老师首创，他讲课生动精彩，重视校园文化，关心爱护学生，激励大家热爱这所校园、沉下心来成长。蔡利民（1964—2021），江苏盐城人，山东大学学士、北京大学哲学硕士、清华大学哲学博士，教授，历任华北电力大学法政系副主任、人文与社会科学学院院长、人文社科与政教党委书记、马克思主义学院党总支书记。

北京市。就是把中专等于连房子带地都给北京市，本来是部里的一个学校为北京市服务，现在都给北京市了，允许大学另外征地。所以我们开始征地。①

高之櫟也谈到了征地的艰难：

当初在昌平有一块地，原来是民委要办一个民族管理干部学院，在昌平征了300亩地。北京市领导的意见，说这块地给我们。当时因为学校规模小，300亩地也够了。但是我们当初看中哪里了呢？看中西三旗东北角那一块地，说这里比较好。第一，离清河小营也比较近，那个地方就比较好，也有个300来亩地。但是规划局不同意，说这个根本不予考虑，想都不用想。后来我们说回龙观，回龙观也不行，回龙观是规划要盖宿舍的，不能给你。我说这里地那么多，你中间给一块不就行了。（规划局说）不行，不同意，假如你们嫌昌平远，到沙河去。沙河现在有个高教园区。我们去考察了一下，沙河那个地方离沙河镇挺远，进去很多地方，很偏僻。那时候因为还没有提出高教园区，假如当初说那里要建高教园区，也许就去了，那时候没有，还没有这个规划。（规划局）说那里可以，（我们）一看那里也不行，离太远，教工从城里来咱们都没办法。……原来中专校"文化大革命"前有个老校长，这个老校长也希望我们大学快点搬走，中专好拿这块地，中专可以早点办好。这个老校长退居二线以后，在市委有的时候帮忙干点别的事，与市委的人很熟，他想出面跟市委去疏通疏通。正好市委农委有一个主任，因为当初北京农学院归农委管，所以主任说这个农学院在朱辛庄特别孤单，给它找个伴儿倒是可以。他出面到规划局去说了，说农学院太孤单，把经济管理学院找到这来，两家有个伴儿好一点。这样子，他说这个话就起作用了，规划局最后算

① 《高之櫟口述》，见华北电力大学档案馆《口述》第一辑，2021，第209页。

同意了，就是同意了我们在农学院南面征地。[①]

另一位当事人彭森的回忆，印证了这一过程：

建立以后在东郊，当时是在东郊北京水电学校那边，它有些教室、有些宿舍，但是还不够，又建点新房子。但是在那里的话，周围不能再发展了，没有地了，所以我们找地方。找地方这个问题费了很大周折，跑了很多地方。让我们到昌平，昌平政法大学那里有一片地，让咱们到政法大学那里去，咱们感觉离市里太远。后来又看一块，在回龙观有一块地，比昌平近点了，可是地方太小，不够我们用。再以后通过北郊农场，通过这个关系找到朱辛庄这边，现在农学院对面。农学院比咱们去得早，农学院在“文化大革命”期间不是农学院，那时候是电影学院在那，跟他们对面这块地。咱们学校现在发展感觉非常好，我回去看过，规划非常好，像是大学的样子，原来地方太小了点。咱们能够争取到这个地方，能够站住，我感到这一点非常好。[②]

1988 年下半年，在昌平县朱辛庄北京农学院的南侧，北京水利电力经济管理学院征得土地 250 亩。1988 年北京水利电力经济管理学院扩建初步设计提交上级审查。1988 年 10 月 26 日，能源部教育司和首都规划建设委员会办公室共同召开了北京水利电力经济管理学院新校区工程扩大初步设计审查会。能源部教育司副司长王万纲，与“首都规划委员会办公室两位副主任共同主持了会议”。参加单位有北京市各有关部门、建设部设计院和学院的负责同志。会上经研究，原则上同意所报扩初设计。会议确定的

① 《高之檪口述》，见华北电力大学档案馆《口述》第一辑，2021，第 210—211 页。
② 《彭森口述》，见华北电力大学档案馆《口述》第一辑，2021，第 239 页。

其他事项还有：环境保护、交通、人防、绿化等。[1]

1990 年 3 月，这所新校址开工了。在奠基典礼上，能源部副部长史大桢以及国家计委、首都规划委员会、北京市建委、北京市规划局、北京市环保局、昌平县等单位的有关领导，参加了奠基仪式。1992 年 9 月 9 日，昌平朱辛庄新校区第一期工程竣工并交付使用，这为学校今后的发展奠定了基础。

二 建设保定第二校区

在北京水利电力经济管理学院朱辛庄校区建设的同时，华北电力学院在保定市的第二校区，也开始建设起来。

第二校区的建设，与华北电力学院原有的本部校区空间已经明显不足有关系。如何扩建，华北电力学院的学院领导曾有不同看法，有过论争。有人回忆道："老院长[2]认定了'延安精神'：'没地方，你往高里盖不就可以了吗？'一次次商讨的会议中，两个老头为此吵得不可开交。最后，他甚至对父亲说：'你是不是宁当鸡头，不做凤尾啊！'"[3]

向高处盖，从长远看肯定还是无法满足学院发展的，而且可能对学院的生存造成影响。有人回忆时就谈到这个问题，而且认为根源与水利电力部在教育办学上的相对保守有关：

> 所以现在看来学校真是办小了，根本弄不好就给别人并了。只有现在学校这么个状况，人家想吃你还是吃不动了，你这才真正是个强校，不然的话真不行。后来学校归到教育部，我感觉教育部这点比原来水电部办事好一点，是什么呢？它不限制你，你征地征得再大它都不限制你。水电部说：哎呦，你这个规模到了 1 万人够了，不要再征

① 1988 年 11 月 5 日，《关于北京水利电力经济管理学院扩建扩大初步设计审查会议纪要》，华北电力大学档案馆。

② 老院长即刘屹夫。

③ 丁清：《延安来的刘屹夫、彭力夫妇》，转引自华北电力大学党委宣传部《华电记忆》第三辑，2016，第 180 页。

了，或者什么限制。你能办大你就办大，毕业生能不能分配，看你学校自己，水平高，专业需要的话，照样分得出去。所以办学方面，水电部有的时候给自己（限制）。你说经济管理学院，那时候刚办经济管理学院，经济管理专业你怎么办，它都没意见，其他一些专业你要办，它限制，说武汉水电学院有这个专业你就不要办了。但是原来这些老师本身就是搞水电的、搞火电的，你叫他们办经济管理，他有的时候（不好办）。[①]

改革开放初期，华北电力学院每年招生人数以1.9%的速度递增，在校生有3000多人，而教学楼、学生宿舍、食堂、浴室、图书馆等都是早期按1200人设计的，远不能满足需求。学生运动场地也不足，一个田径场、四个排球场、五个篮球场加起来，球类场地只达到国家教委定额标准的1/3。1985年，为了建设好这所学校，水利电力部定下了华北电力学院“七五”末（1990年）的发展规模，要求全日制本、专科生达到3500人，函授生2000人，共计5500人。还特别批准了征地200亩，开辟第二校区，准备投资3500万元新建校舍8万平方米，在1990年投入使用。这个让华北电力学院师生员工很振奋。[②]

1986年10月，华北电力学院在京广铁路路东100米外的保定市北郊韩庄乡辖区，以442万元的价格征买了王庄、韩庄两村农田233亩，并圈起来周长1800米的红砖围墙，开始建设第二校区。1988年7月1日，规划中的一期工程首个大型建筑游泳池投入使用。但是，随着游泳池的竣工，第二校区的建设因为国家压缩基建项目，到1990年底仅竣工了变电站、锅炉房各一座。1990年11月23日，华北电力学院院长办公会议决定，第二校区工程必须提速推进，确保1991年启用。为此学院争取到了能源部的1991年支持投资460万元，但是距离第二校区重新上马的最低资金650万元还有差距，为此学院通过贷款等方式筹款补上。在8个月的时间

① 《高之樑口述》，见华北电力大学档案馆《口述》第一辑，2021，第216页。

② 朱常宝主编《华北电力大学校史（1958—2008）》，中国电力出版社，2008，第70页。

内，建成了学生宿舍、食堂、教学楼、浴室、体育活动中心等几项主体工程。总建筑面积近 2 万平方米。[①]

1991 年 9 月 10 日第二校区迎来了第一批新生，两天之后的 9 月 12 日举行了第二校区启用剪彩和开学典礼。在喧天的鞭炮和雷鸣般的掌声中，专程从北京赶来的能源部副部长陆佑楣为第二校区的启用剪彩。此后几年内，华北电力学院持续重点建设第二校区，在“八五”期间，累计竣工面积达 49628 平方米。[②]

北京水利电力经济管理学院（即后来的北京动力经济学院）朱辛庄校区，与华北电力学院保定第二校区，这两个新校园的建设，为未来的华北电力大学提供了宝贵的办学发展空间。

第六节　组建华北电力大学

改革开放以后，许多原来名为“学院”的高等学府改名为“大学”，改名的动因相当复杂，而对于大学本身来说，改名多是出自提升自己学校的愿望。而华北电力学院改名大学的动议，最初却是来自行业管理部门的主要官员。1984 年，水利电力部钱正英部长在确定北京水利电力经济管理学院领导班子时，曾与学院的主要领导谈道：“等到今后有机会的时候，条件成熟的时候，可以办成水利电力大学。”[③]

虽然是钱正英部长较早提出这个想法，但可以肯定的是，这个动议与华北电力学院的领导，以及很多保定、北京的教师们的想法是一致的。

一　在北方“办一所电力类拳头大学”

过了 4 年，钱正英提及的这个想法，有了一个落地契机。国家教育委

① 朱常宝主编《华北电力大学校史（1958—2008）》，中国电力出版社，2008，第 70—71 页。

② 朱常宝主编《华北电力大学校史（1958—2008）》，中国电力出版社，2008，第 72 页。

③ 《高之樑口述》，见华北电力大学档案馆《口述》第一辑，2021，第 216 页。

员会在1988年3月8日，上报了《关于推动联合办学和校际协作若干问题的意见》给国务院，同年5月3日国务院转发了这个文件，希望推动高等教育管理体制改革。这对高校跨部门跨地区联合办学设想来说，增加了可能。1988年，能源部副部长史大桢在保定举行的华北电力学院30周年院庆大会上，明确提出了“要在北方办一所电力类拳头大学”的设想，对于华北电力学院、北京水利电力经济管理学院来说，这是一个清晰的指示。根据史大桢指示，在能源部教育司组织和推动下，华北电力学院和北京水利电力经济管理学院从1989年上半年开始，在两校领导多次酝酿和协商的基础上，开始了两校联合办学的尝试。

两校联合办学，除了上级主管部门的支持外，还有很多有利条件。两校均属水利电力部（电力工业部、能源部）管辖，经费来源一致；两校既有相同专业，又有很强的互补性；两校的不少教师、领导本就源出一校，很容易接受联合。对于华北电力学院来说，联合办学乃至合校，华北电力学院就有了在北京办学的名义；对于北京水利电力经济管理学院来说，学校乃至教师的地位可以得到直接提升。

1989年7月5日，华北电力学院和北京水利电力经济管理学院联名向能源部提交了《关于两校实行联合的请示》。表示“为了贯彻执行《中国教育发展和改革纲要（草案）》中关于‘单科性学校多的地区，应本着合理布局、有利于提高教育质量和效益的原则，有计划地进行联合和调整’的精神，根据部领导指示，在教育司的组织下，华北电力学院和北京水利电力经济管理学院经过充分酝酿和协商，一致同意实行联合办学，并在联合办学基础上，努力创造条件，尽早形成两校合一的综合性电力大学”。[①]请示中的“华北电力学院、北京水利电力经济管理学院实行联合的规划方案”展现了这所“北方电力类拳头大学”的蓝图：

两校联合分两步走。即首先实行联合办学，而后待条件具备时，

① 《关于两校实行联合的请示》，华北电力大学档案馆。

上报国家教委审批成立统一的电力大学。

……为积极创造条件，尽早建成统一的综合性电力大学，近二、三年内，在投资总体安排上，应给予重点支持，实行总体倾斜。同时，华北电力学院校本部应在实施发展计划的基础上，以改善条件、巩固提高为主。北京水利电力管理干部学院要按照统一规划的功能进行建设。北京水利电力经济管理学院朱辛庄新校舍建设，要集中力量，加快速度。

……为反映电力类综合性高校内涵，体现校址所处地区。承袭华北电力学院已属重点高校的基础，拟定校名为“华北电力大学”。校部设在北京朱辛庄。各组成部分按校区划分，分别称为“华北电力大学（北京）”和“华北电力大学（保定）”。

……电力大学校区由北京市朱辛庄、清河和河北省保定市三地组成，其中朱辛庄与清河两地较近，作为一体考虑，合称为北京校区。

1989年7月26日，能源部批复了《关于两校实行联合的请示》，原则同意两校联合办学及《华北电力学院、北京水利电力经济管理学院实行联合的规划方案》。批复中指出：

两校联合分两步实施，即首先实行联合办学，再经过必要的准备，报请国家教委审定组成统一的、综合性的电力大学。在联合办学期间，两校都要稳定当前的领导管理体制，分别管好各自工作。但在专业设置、校舍建设、干部与师资调配等方面，要按照统一规划、统一建设、统一调配的原则，有计划的统筹安排，协调发展。①

在后续的工作中，两校继续开展联合办学的探索，并持续得到能源部的支持。1989年11月16日，华北电力学院与北京水利电力经济管理学

① 1989年7月26日，能源教［1989］744号，关于华北电力学院和北京水利电力经济管理学院实行联合办学的批复。

院，两所学校联名向能源部呈报了《关于北京校区一体化实施方案的请示》，并在同年12月20日获得能源部批复，表示原则同意该实施方案。能源部1990年9月同意北京水利电力经济管理学院、华北电力学院北京研究生部（北京电力管理干部学院）试行一体化领导和管理。[①] 1991年1月7日，能源局正式下发《关于加强华北电力学院和北京水电经管学院联合办学的若干意见的通知》：

> 两校联合办学的基本指导思想
>
> 1. 进一步密切两校关系，增进合作，努力发挥双方优势及相互间作用，提高办学效益。
>
> 2. 两校要努力做好各方面工作，调动一切积极因素，促进安定团结。
>
> 3. 两校要从联合大局出发，加强协商和相互理解，要注意工作方法，为加快两校统一进程积极创造条件。
>
> 4. 要有利于巩固和发展华北电力学院作为全国重点高校的地位。对华北电力学院北京研究生部，在管理体制上内外有别。
>
> 5. 要继续办好北京水利电力管理干部学院。管理干部学院院长由经管学院院长兼任，副院长由经管学院分管成人教育的副院长兼任。
>
> 6. 在华北电力学院本部工作、持有北京户口的人员（一九六九年因搬迁离京者），继续按原定方针，由华北电力学院和北京水电经管学院商定人员过渡实施方案。[②]

从中可见，通知确定了两所学校的联合关系，以及规定了北京水利电力管理干部学院委托于北京水利电力经济管理学院管理的情况。

---

① 朱常宝主编《华北电力大学校史（1958—2008）》，中国电力出版社，2008，第75页。
② 《关于加强华北电力学院和北京水电经管学院联合办学的若干意见的通知》，华北电力大学档案馆。

二 关于学校名称和校区的讨论与争议

在联合的过程中，未来的学校名称应该是什么？大家还是有不同设想的，甚至“华北电力大学”这个名称也未获得一致认同。大家认为“北京电力大学”应该是最为合适的一个名称。在1994年北京动力经济学院一份上报电力工业部高校体制改革领导小组的《北京动力经济学院关于实施联合的几点建议》的报告中，则呈现了对于校名的另外一种考虑，以及未来实施联合的思考：

> 关于校名我们的意见：
>
> 1. 称为：电力科技大学。目前为区分两个校区，在大学名后加注括号注明“北京”、“保定”。如：电力科技大学（北京）和电力科技大学（保定）。
>
> 采用此方案的优点在于：
>
> （1）有利于体现电力大学是一所由电力部主办的全国性的电力大学，利用括号又注明了学校的所在地。
>
> （2）有利于大学的长远规划、发展，体现电力部重点创办具有行业特点，少量的全国一流的电力大学的精神与要求。
>
> （3）有利于电力部唯一的一所，以火电为优势的电力大学走向世界、开展国际合作与交流，展现中国电力高科技教育的成就与水准，扩大中国电力高等教育及电力科技在国际上的影响及地位。
>
> （4）有利于面向全国招收和选拔优秀学生，为中国电力行业培养优秀科技人才及技术骨干。
>
> （5）有利于在社会主义市场经济体制下，充分发挥优势，吸引人才，增强大学的实力和竞争力。
>
> 这是目前很好的方案，且兄弟部委行业、院校也有先例。采用这种方式命名的部委所属院校就有五所，另冠以“中国”和“中央”名头的学校多达二十四所之多。

2. 如非要在校名前面冠以地区名称时，可称，北方电力科技大学，但为区分两个校区，大学名后仍要加注括号注明“北京”、“保定”。

如“北方电力科技大学（北京）”和“北方电力科技大学（保定）”。

这样也能体现第一方案中的优点，但在学校名称上有了一定的地域局限。

3. 我们认为称：“华北电力大学”或“华北电力科技大学”是不妥的。对学校将产生不利影响，主要是：

（1）造成较大的地域局限性影响，不能体现是电力部重点创办的全国性大学，可能给人以华北地区性的电力大学，亦可能被误认为是河北省的电力大学的印象。

（2）目前已有华北电力职工大学，通简称“华北电大”，这样容易给人们造成两校混淆的概念，造成工作上的困难。

（3）不利于体现电力部重点创办全国一流电力大学，及学校长远发展规划。

（4）不利于在全国招收优秀学生，目前招生是面向全国各省市，而在华北地区招收的学生只占很小比例，这也将影响学校的竞争力。①

考虑到1993年9月16日，电力工业部《转发国家教委关于普通高等学校申请更改名称的规定》：“一、普通高等学校的名称要保持基本稳定，无特殊需要，一般不要更改。确需更改的，应按照学校隶属关系，由省、自治区、直辖市和计划单列市人民政府或国务院有关部门提出申请，报国家教育委员会审批。国务院有关部门申请更改所属普通高等学校名称，还应附送学校所在地省级教育行政部门的书面意见。二、普通高等学校的名称应反映学校的办学层次、学科性质、所在地等因素，一般不以个人姓名

① 《北京动力经济学院关于实施联合的几点建议》，华北电力大学档案馆。

命名，不冠以‘中国’、‘国家’等字样，也不宜使用省、自治区、直辖市和学校所在城市以外的地域名。”① 电力科技大学的命名考虑，的确不失为一个很好的建议。

此外，这份报告还对校部办公地点提出了建议，认为“组建大学，目前是在电力科技大学下分设两个校区，而不是一个主校，一个分校，所以要破除校本部、校分部的概念及称谓。应统称为大学校部，下分北京校区和保定校区”。并明确提出建议，大学校部办公地点从长远及学校总的方向来看，应放在北京，主要有四大优点：

> 校部与电力部机关、国家教委近，便于办学工作的研究与联系；北京是中国文化教育中心，有利于大学校部建立横纵向信息网络；校部设在北京，有利于大学在国际上建立较大影响与威望和地位；有利于与各电力企业集团及网省局的联系，各网、省局在京有办事处，联系方便。……如从大局出发，考虑目前应尽快实现联合，将校部办公地点暂放保定校区，待几年运行后，校部办公地点再向北京过渡也未尝不可。但从长远及学校大的方向来看，校部办公地点最后放在北京是有益的。②

对于联合后的未来发展，提出了两步走的设想：

> 第一步，先组建成电力科技大学，下分北京、保定两个校区。成立大学校部及大学校党组，大学校部暂只设校长办公室，为一个综合性办公室，如校部办公地点设在保定也便于过渡。……联合后的第二步，即实行与国际高等教育体制接轨，实行大学校部下设若干学院，学院下设系的紧密型办学体制，即一校若干学院制。③

① 《转发国家教委关于普通高等学校申请更改名称的规定》，华北电力大学档案馆。
② 《北京动力经济学院关于实施联合的几点建议》，华北电力大学档案馆。
③ 《北京动力经济学院关于实施联合的几点建议》，华北电力大学档案馆。

回看这些联合办学、实施联合的倡议，以及领导的号召和具体的推动，现在人们普遍感到联合的好，当事人有的回忆起来也感到很有必要。“两个地方合并，保定的华北电力学院跟北京的（北京动力经济学院）合并，这一点确实做了很多工作，感到合并还是对。我们学校，要没有合并也很难发展起来。”①

三　两校联合组建华北电力大学

当时，我国高等教育体制存在着与市场经济体制不相适应方面，已明显阻碍了发展。主要表现为：权力过于集中，学校缺乏办学自主权和自我约束机制；中央部委管理着大批行业性、单科性高等学校，省市政府管理着省级学校，中央部门和地方政府分别办学和管理高等学校，条块分割严重；高等学校平均规模较小，办学效益不高；单科性大学数量过多，大学的综合化水平不高；等等。针对上述问题，1994 年底，全国高等教育管理体制改革座谈会举行，会上确定了以共建共管、合并学校、合作办学、协作办学、转由地方管理等五种途径为主的改革探索。

1994 年 7 月 29—31 日，为了贯彻《中国教育改革和发展纲要》和全国第四次高等教育工作会议精神，电力工业部在北京召开全国电力教育工作会议。会后，电力工业部于 1994 年 8 月作出了《关于部属学校体制改革的决定》，决定南北建设两所大学。南方由武汉水利电力大学和葛洲坝水电工程学院合并建立武汉水利水电大学，北方则是由华北电力学院和北京动力经济学院合并建立华北电力大学。② 两所大学均准备作为全国重点大学，由电力工业部直接领导，武汉水利水电大学由于实力最强，被列为电力工业部首推进入国家“211 工程”建设的大学，而华北电力大学则被按照国家“211 工程”标准建设，准备后继推入“211 工程”。成立由部长挂帅的“211 工程”领导小组，对两所重点大学按照进入“211 工程”的需

---

① 《彭淼口述》，见华北电力大学档案馆《口述》第一辑，2021，第 239 页。

② 朱常宝主编《华北电力大学校史（1958—2008）》，中国电力出版社，2008，第 109—110 页。

要，安排好资金投入。[①]

在这种形势下，华北电力学院、北京动力经济学院对于合并进入“211 工程”形成了共同的强烈愿望。因为如果能够得以进入国家“211 工程”计划，对于华北电力学院能够巩固并加强全国重点大学的地位，而对于北京动力经济学院来说，则是快速跻身全国重点大学之列。进一步，两所学校肯定还能够提高社会声誉，得到国家建设资金的大力支持。由于华北电力学院、北京动力经济学院任何一个学院，单个院校的规模都偏小，凭任何一个学院的力量进入“211 工程”确实存在很大的困难。如果合并成为一所大学，学校的整体实力会得到提升，在部里的地位也能够得到提升，进入“211 工程”的机会就会增加。限于国家“211 工程”“一部一所制”规定，即一部只能有一所高校进入“211 工程”行列，两所学院也期待合并后增加在电力工业部内外的竞争优势。[②] 通过两校合并的形式，力争进入“211 工程”逐渐成为国家、电力工业部及两校师生的共同愿望。

还有一个潜在的有利因素。1993 年 3 月八届人大一次会议决定撤销能源部，再次成立电力工业部。电力工业部所辖已不含水利方面，原来很有竞争力的河海大学（原华东水利学院），不再是电力工业部所属高校。如此一来，未来在北方组建的电力类大学，在电力工业部内部将只有武汉水利水电大学这一所同类的重点大学。北京动力经济学院和华北电力学院两校如果合并，以后在电力工业部内的竞争优势也会明显增强，形成一个有力的“拳头”。

1995 年 3 月 10 日，电力工业部一位领导召集两校主要领导在北京开会。会议宣布了电力部党组《关于成立华北电力大学筹建领导小组的通知》[③]，认

① 朱常宝主编《华北电力大学校史（1958—2008）》，中国电力出版社，2008，第 110 页。

② 朱常宝主编《华北电力大学校史（1958—2008）》，中国电力出版社，2008，第 110 页。

③ 在《关于成立华北电力大学筹建领导小组的通知》中写道：“1994 年底，华北电力学院、北京动力经济学院联合组建华北电力大学的方案已经“全国高校设置评议委员会”专家评审通过。部党组研究决定成立华北电力大学筹建领导小组，筹建领导小组全面负责华北电力大学的筹建领导工作，争取用三个月左右的时间完成相关筹建工作。”见华北电力大学档案馆。

真分析了两校异地联合的形势，面临的热点、难点问题及有利条件。会议还讨论了领导小组办公室的组成、职责和任务，决定徐大平[①]兼任办公室主任，敖桂兰、张金辉任副主任，成员有齐向军等5位。办公室常设在保定，北京安排临时办公地点，即日开展工作。[②]

5月4日，在电力工业部第二会议室召开了华北电力大学筹建领导小组第三次全体会议。会议就《华北电力大学组建方案》草案和《大学2008年发展纲要》草案进行了充分讨论。会议认为，两个“草案”的整体框架和基本原则，与国家教委和部党组的要求基本上是吻合的，但对组建大学的大原则表述得还不够具体明确，还需要进一步统一思想。如在大学、学院、系三级管理的基本原则，学院的组建和布局、专业学科的设置和建设以及重点实验室建设、重点工程研究中心建设等方面，还需要进一步思考。5月9日、10日，筹建领导小组又分别在北京和保定召开了两地动力系、电力系有关领导和学科带头人座谈会，5月15日，筹建领导小组在保定继续就上述问题进行讨论。最终基本达成共识。一是按地域在保定校区，以学科群为基础，组建电气工程学院、动力工程学院、电力机械学院、函授学院，并保留基础科学系；同样按地域组建北京校区的工学院、工商管理学院，并筹建文法学院。二是按学科跨地区，由保定校区的电子工程系和北京校区的信息工程系组建信息工程学院。三是筹建研究生院。四是北京电力管理干部学院仍采用依托华北电力大学的方式管理。[③]

7月17日，电力工业部给华北电力学院、北京动力经济学院正式转发国家教委《关于组建华北电力大学若干意见的通知》，说明国家教委、电

① 徐大平，男，1943年生，天津市人，中共党员。1961年至1967年清华大学热工量测及自动控制专业学习，1967年至1979年水利电力部第一工程局参加工作，1979年至1993年在葛洲坝水电工程学院任系主任、副院长、院长、教授，1993年至1995年任北京动力经济学院副院长、北京电力管理干部学院院长。1995年至2006年先后任华北电力大学党委副书记、常务副校长、校长、华北电力大学党委书记，兼任中国高等教育学会理事、中国电力教育协会理事、北京电机工程学会副理事长等职。在多方口述中记录了他在联合办学过程中，团结各方的积极努力和重要贡献。

② 《关于印发华北电力大学筹建领导小组第一次会议纪要的通知》，华北电力大学档案馆。

③ 《华北电力大学筹建领导小组第三次会议纪要》，院档案馆。

力工业部已经正式同意组建华北电力大学：

> 保持电业特色，面向社会需求；以工为主，多学科综合协调发展；合理调整结构，加大培养高层次人才的比例；集中投入，加强重点学科和重点实验室的建设。尽早将华北电力大学建设成具有行业特色的国内一流、国际上有一定影响的多学科社会主义重点大学。①

国家教委在文件中提到，“为贯彻《中国教育改革和发展纲要》精神，提高现有高等学校教育质量和办学效益，合理配置教育资源，增强学校综合实力，促进高等教育办学和管理体制的改革，在全国高等学校设置评议委员会评议的基础上，经研究，同意华北电力学院与北京动力经济学院合并组建为华北电力大学”。其中特别指出：“2000 年以后，校部如需调整变更，应根据学校发展的具体条件和国家有关的政策规定，另行报批。”“该校‘九五’期间，普通全日制在校生规模定为 6800 人（其中北京部分 3300 人）。”在同意华北电力大学组建的同时，否决了另两个学校的合并：“鉴于武汉水利电力大学与葛洲坝水电工程学院地理位置相差较远，专业、师资、设备调整及教学管理等方面都存在一定难度，两校合并须进一步论证。”②

8 月 23 日，中共电力工业部党组通过了华北电力大学的领导班子人员组成。由电力工业部一名副部长兼任华北电力大学校长，中共华北电力大学委员会委员、常委、书记；徐大平任华北电力大学常务副校长，中共华北电力大学委员会委员、常委、副书记；刘吉臻、杨志远、孟昭朋、苑国欣、沈有昌、陈志业、张成杰、宁文玉任华北电力大学副校长，中共华北电力大学委员会委员、常委。③

---

① 《关于组建华北电力大学若干意见的通知》，华北电力大学档案馆。

② 《关于同意华北电力学院与北京动力经济学院合并组建华北电力大学的通知》，华北电力大学档案馆。

③ 朱常宝主编《华北电力大学校史（1958—2008）》，中国电力出版社，2008，第 111 页。

8月28日，电力工业部发出《关于印发〈华北电力大学组建方案〉的通知》，通知华北电力大学筹建领导小组，所报送的《华北电力大学组建方案》基本符合国家教委关于高校体制改革的有关精神和要求，符合部党组关于组建华北电力大学的指导思想和基本原则，电力工业部同意该方案。《华北电力大学组建方案》详述了指导思想与基本原则、机构设置、运行机制、职责权限等四大部分内容。①

1995年9月8日、18日，华北电力大学在保定和北京隆重举行大学成立揭牌仪式。国家教委、电力部有关司局、河北省、北京市、保定市、有关网（省）局、电厂和电力企业以及兄弟院校的220多位领导和嘉宾到会祝贺。国务院总理李鹏、副总理李岚清、全国政协副主席钱正英等国家领导人以及电力工业部部长史大桢、河北省主要领导等为大学的成立题了词。②

电力工业部部长史大桢代表电力工业部党组郑重宣布："由华北电力学院和北京动力经济学院合并组建的华北电力大学，今天正式成立了！我非常高兴和大家一起祝贺华北电力大学光荣诞生。"他强调：

> 党中央提出了科教兴国的战略方针，华北电力大学的发展是与我国电力工业的发展密切相关的，希望部有关司局和我们的电力企业，进一步加大支持两所重点大学的力度，争取使他们尽早达到国家"211工程"大学的标准。我希望在不久的将来看到华北电力大学在办学中创造出优异的成绩，培养出大批的优秀电力人才，真正成为电力行业起示范作用的，国内一流、国际上有一定影响的重点大学。③

综观这一时期该校发展和联合，有以下两个问题值得注意和思考。

---

① 《关于印发〈华北电力大学组建方案〉的通知》，华北电力大学档案馆。

② 朱常宝主编《华北电力大学校史（1958—2008）》，中国电力出版社，2008，第111页。

③ 1995年9月8日，史大桢在华北电力大学成立大会上的讲话《团结一致 同心同德 为把华北电力大学办成一流高等学校而奋斗》。

一是这所学校为回京办学积极努力和多种探索，从联合创办清河研究生部，到通过创办干部管理学院解决建设校园问题，再到联合其他学校组建大学，实现一体管理、两地办学，后来又把北京变为本部。这段历程显示了其回京办学之路的坎坷与多重因素的交织。但深入研究之后，这所学校能够迁回北京的一个重要基础和直接原因，在于其北京仍有部分校园和教学点一直存在，并没有随着其迁往河北的辗转而裁撤、消失，后来回京办学的种种努力也都围绕其展开。且水利电力部、电力工业部、国家能源局及国家电力公司对于办大学和培养电力人才的高度重视，对部委自有大学的重点扶持，都有力促成了这所大学迅速发展。

二是这所学校这一历史时期迅速发展，与国家关于重点大学规划与改革密不可分。从 20 世纪 80 年代中期到 90 年代初，国务院分两批分别批准 15 所重点建设的高校。1992 年，为进一步配合国家科教兴国战略，中央再次强调着力办好一批重点高校事关高等教育大局和经济社会发展全局。20 世纪 90 年代中期，国家正式发布《“211 工程”总体建设规划》，即面向 21 世纪、重点建设 100 所左右的高等学校和一批重点学科。“211 工程”是新中国成立后由国家立项在高等教育领域进行规模最大、层次最高的重点高校建设改革工作。至 2012 年，全国共确立了 116 所“211 工程”高校。同时，为建设若干所具有世界先进水平的一流高校，从 1999 年开始，国家正式启动实施“985 工程”项目。截至 2012 年，全国确立的“985 工程”高校共计 39 所。通过实施“211 工程”和“985 工程”项目，国家在高校机制创新、队伍建设、平台建设、条件支撑、国际交流等方面给予更多改革政策和经费支持，使这些高校在改革过程中能获得更多的资源来促进自身快速发展。可以说，国家关于重点大学规划与改革成为这一时期高等教育建设发展的主要线索和建设高等教育强国的重要推动力量。

结　语

打开华北电力大学官网，载明该校诞生于1958年。而1950年到1958年那段中专办学岁月，深入考察之后，也是这所学校生命中的一段重要经历。由于1969年迁校邯郸市岳城水库一带所造成的学校档案散失，加之早期史料相对有限，这段中专办学及之后一段时期的历史，呈现起来较为困难，很多方面存在明显的空白。时至今日，通过各种资料和人物口述等，作以丰富的呈现仍有相当的困难。

但是挖掘这段中等专业技术教育的办学历史，不仅可以增加其电力行业院校的显著特征与魅力，也可以在今天追溯这一类大学从部属专科到国家重点大学由低到高的创建及发展特点。进一步而言，深入探究1950—1995年这所因电而生、因电而变、因电而强的学校历史变迁，既可以看到中国高等教育不断调整和探索发展的历程，又可以看到电力行业及其主管部门对其培养人才和培训职工的重要规划和指导。二者是这所学校几十年来发展变迁背后的两条主线，它们相互配合、有效协调，时主时次，偶尔也会出现背离与冲突，但其目标导向一致，那就是为新中国电力行业培养高等专业技术人才。

从高等教育发展上看，这所学校的办学经历、重要转折与新中国教育发展历程呈现着高度的吻合。新中国面对的是一穷二白的经济基础，如何在这样一个贫穷落后、大部分地区的经济发展水平尚处于传统农业时代的人口大国，快速实现工业化和国家富强的目标，加速教育尤其是高等教育建设发展，便成为中国政府实现国家目标的重要途径。1949年底和1950年6月，新中国先后召开第一次全国教育工作会议和第一次全国高等教育工作会议。会议强调，教育必须密切配合国家政治、经济、文化和国防建设的需要，要为国家经济建设服务。这在燃料工业部的人才培养和电业总局职工学校及其之后的北京电力学校的创办目标、教育教学中有着明显体现。

1952年下半年开始，中国政府对全国高等院校进行了大规模调整，基本方针是“以培养工业建设人才和师资为重点，发展专门学院，整顿和加强综合性大学”，实际上即是仿效苏联模式。从1953年到1958年，全国高校及一些院系又作了进一步补充调整，以电力、地质、矿业、钢铁、石油、航空、农业、林业、医学等行业为基础，成立了一大批特色鲜明的高等院校。这些院校不仅仅架构起了新中国高等教育的基本格局，同时通过一定程度优质资源的整合重组，客观上直接拓展了高等教育资源，为新中国工业发展提供了重要的人才支撑。由中专提档升级为大学的北京电力学院就是高等院校基本方针落实在电力行业的成果。

“文革”前，尽管高等教育发展面临一系列困难，甚至存在一些决策失误，如学习苏联时的“一切照抄、机械搬运”，存在高校专业设置过细、弱化科学研究、重理工轻人文等现象，但从历史的、发展的、正向的视角来审视这一特殊时期，不难发现这样一条高等教育发展路径，是在当时特殊环境下，在自身没有办学经验和办学条件支撑的客观背景下进行的一系列尝试和探索。其出发点、实践过程和价值取向都是试图通过加快发展高等教育来建设高等教育强国，加速实现国家工业化进程，不断巩固新生政权，达到国强民富的目标。这一时期高等教育组织架构、办学模式、地理分布基本构筑起新中国高等教育模式与雏形，为新中国真正独立自主建设具有现代意义的高等教育奠定了坚实基础。可以说，从电业管理总局职工学校至北京电力学院时期的发展与变迁，就是这一阶段中国高等教育发展的鲜明个案与生动注脚。

“文革”时期，高等教育及高校自身都遭受严重影响。这在北京电力学院的发展中也有明显体现，数年没有招生，搬迁到岳城水库，教学科研停止，甚至教职工学生的生活都成了问题……然而几近取消的电力学院，居然奇迹般迁到了保定，保留了人才，保留了学校，为后一轮的发展奠定了基础。这一过程，反映中国高校的生存、发展一定受到了国家大局的制约，但高校自身也仍是有着一定的努力空间。

随着改革开放的到来，党中央作出把党和国家工作重心转移到经济建设上来，此后高等教育得以正常发展。笔者认为，改革开放以来高等教育经历了三个发展阶段。第一阶段从恢复高考到20世纪80年代中期，是恢复期。第二阶段从80年代到20世纪末，是探索和发展期，包括高校自主权的扩大、对外交往的扩大和国际化的进展、高等教育体制的变革等。第三阶段从20世纪末到现在，是高等教育大众化时期。正是在国家和高等教育正常发展的大环境下，河北电力学院得以迅速发展。在此基础上，河北（华北）电力学院应势而起，成为全国重点大学，最终形成北京、保定两地办学、一体管理，实现跨越式发展。

从电力行业发展上看，新中国的成立是中国电力工业发展的重大转折点，在优先发展重工业的背景下，电力工业在国民经济体系中确立了重要的地位。70多年来，中国电力工业也经历了由小变大、由弱变强、由落后变先进的发展历程，这一历程也在这所学校的发展中得到了充分的验证和体现。

在第一个五年计划经济时期，我国确定了优先发展重工业的工业化战略，为了保证这一战略的实施，电力工业由于其特殊性必须先行，因而在1953年11月，中共中央在对当时燃料工业部党组报告中批示："煤、电、石油工业是国家工业化发展先行工业。"[①] 1958年毛泽东更是明确提出了电力是国民经济的"先行官"。电力先行意味着电力基本建设、电力重大项目成为国家基本建设的侧重点，国家提供了强有力的保障。为了配合国家需要，电力工业管理体制得到了强化，电力工业发展并出现了高度集中的计划经济体系。1949年燃料工业部的出现，1955年电力工业部的形成，以及1958年水利电力部的重组，探索形成了主导电力行业发展的特殊管理

① 张晋藩等主编《中华人民共和国国史大辞典》，黑龙江人民出版社，1992，第149页。

体制。为了保障和提升电力行业的人员素质，为电力工业提供充沛的人力资源，电力教育体系也得到了新建和强化，建设起分布全国各地的电力高校、中专学校、技工学校甚至业余学校。

按照主管部委的指导和要求，为电力工业培养高质量的专业技术人才、行业从业者和未来领导者，是创办这所学校之后始终不变的基本遵循。然而，也恰恰是因为这样，这所学校在相当长一段时期内一直定位于为电力行业培养应用型技术人才，导致其学科设置也因此比较单一，办学规模相对较小。

20世纪六七十年代之后，我国电力发展经历了曲折的历史阶段，但这一时期在电源、电网建设等方面均有了长足发展，如各个电网都有不同程度扩大，许多区域电网已逐步发展成为一省统一电网或跨省电网，电网电压等级逐渐升高，工业和居民用电量保持不断增长。可以说，新中国成立到1978年的近30年，尽管国民经济发展受多种因素影响，出现了阶段性的剧烈波动，但在以重工业为主的发展战略推动下，国有办电体制使得中国电力工业的建设和发展的速度，在所有阶段都基本高于当期的经济增长率。与中国电力工业曲折坚韧的发展类似，这所学校在这段历史时期的发展，也称得上曲折艰辛。在办学过程中这所学校命运多舛，经历了校址搬迁、资源流失、管理体制变更、发展路向不明等颇为艰难，甚至生死攸关的历程。

可以肯定的是，这所学校终能走出困境并有所发展，最终成为国家重点大学，其根本原因就在于国家对电力的需求、对电力人才的需求。当然，这也和这所学校自身教职工与学生的不懈努力分不开，特别是在若干个艰难而又关键的历史关头，学校教职工能怀有理想、主动作为、冲破阻力、克服困难。而从冯仲云到钱正英、许英才等众多部委及部门领导对电力教育和这所学校的扶持，甚至包括特殊年代里军代表甄济培的充分理解、敢于担当，均弥足珍贵。这所学校可以说是走出了一条在曲折中前进、在困境中崛起的办学之路。

改革开放以来，中国的电力工业实现了持续的跨越式发展。电力供给能力逐渐提升，坚实保障了社会经济发展。电源规模不断增加，电网规格也不断壮大，电力输送、资源配置能力持续提升。电力日趋多元化和清洁化，多项电力科技达到世界领先水平，电力服务水平显著提升。电力事业不断跨上新台阶，也是这所学校改革开放以来阶段性提高、显著性进步、跨越式发展，成为一所“电力类拳头大学”成长的行业基础和服务的行业要求。

概而言之，通览从昔日燃料工业部电业管理总局职工学校到华北电力大学的发展变迁，可以清晰看到新中国高校为探索培养适应国家建设需要的中高等专业人才而走过的艰辛历程，同时这一历程也是我们理解中国高等教育变革的线索和注脚。70 多年来，这所学校随着国家的发展而发展，也曾随着国家的受挫而被动。这所高校与这个行业、所属部委，始终与国家需求和发展同向而行，生动谱写了一部扎根中国大地办教育，政府、行业与学府互动发展的历史篇章。

参考文献

一　资料类

1. 原水利电力部、电力工业部、国家电力公司档案。

2. 华北电力大学档案馆馆藏档案，收录原北京电力学院、华北电力学院研究生院、北京水利电力经济管理学院、北京动力经济学院、华北电力大学相关档案。1969 年之前的档案缺失严重。

3. 系列口述资料。整理自华北电力大学档案馆 2017—2018 年对学校 27 名离退休教师、干部的录音录像采访资料，以及笔者的访谈记录。

4. 武汉大学水利水电学院：《武汉大学水利水电学院院志（1952—2002）》，2012 年 7 月。

5. 《中国电力年鉴》，中国电力出版社，1981—2008。

6. 《中国电力人物》，经济科学出版社，2007。

7. 国家电力公司、中国电力企业联合会编《逐日——纪念中国电力工业 120 周年》，人民日报出版社，2002。

8. 张彬主编《中国电力工业志》，当代中国出版社，1998。

二　著作类

陈富强：《铁塔简史》，浙江人民出版社，2010。

东北电力大学校史编委会编著《东北电力大学校史（1949—2009）》，吉林人民出版社，2009。

龚洵洁、胥青山编著《中国电力高等教育》，武汉大学出版社，2004。

国家电力公司编《新中国电力五十年》，中国电力出版社，1999。

黄晞编著《电力技术发展史简编》，水力电力出版社，1986。

黄晞：《中国近现代电力技术发展史》，山东教育出版社，2006。

姜弘道、郑大俊主编《河海大学校史（1986—2000）》，河海大学出版社，2005。

李代耕编《中国电力工业发展史料：解放前的七十年（一八七九—一九四九）》，水利电力出版社，1983。

李代耕编著《新中国电力工业发展史略》，企业管理出版社，1984。

刘吉臻主编《强校之路——华北电力大学办学理念与创新实践》，高等教育出版社，2012。

刘晓群主编《河海大学校史（1915—1985）》，河海大学出版社，2005。

马致中编著《新中国电力基本建设》，北京农业大学出版社，1988。

马致中编著《中国电力建设史》，科学技术文献出版社，2004。

孟昭朋：《华北电力学院院史》，华北电力学院，1988。

濮洪九等主编《中国电力与煤炭》，煤炭工业出版社，2004。

《上海电力学院校史（1951—1991）》，上海电力学院，1991。

《上海电力学院校史续编（1991—2001）》，上海电力学院，2001。

万海根编著《陕西电力史话》，中国电力出版社，1998。

王松林主编《中国现代史》（第四版），高等教育出版社，2016。

王竹主编《蓦然回首灯火阑珊处：北京百年电业稗史蕞谈》，中国林业出版社，2008。

校史编写组编《华北电力大学校史（1958—2018）》，中国电力出版社，2018。

许英才主编《中华人民共和国电力工业史（教育卷）》，中国电力出版社，2007。

杨鲁、田源主编《中国电力工业改革与发展的战略选择》，中国物价出版社，1991。

杨新旗主编《云南电力九十年》，云南民族出版社，2001。

杨玉林主编《甘肃电力史话》，甘肃文化出版社，2011。

张彬主编《当代中国的电力工业》，当代中国出版社，1994。

张泳：《制度理论及中国电力行业制度变迁研究》，经济科学出版社，2005。

中共中央党史研究室：《中国共产党的九十年》，中共党史出版社、党建读物出版社，2016。

中国电力报社、中国电力报刊协会编《回顾与展望——中国电力工业120年（1882—2002）》，中国电力报社、中国电力报社协会，2002。

《中国电力发展的历程》，中国电力出版社，2002。

中国电力教育发展战略研究办公室主编《中国电力教育发展战略研究》，湖北科学技术出版社，1992。

中国电力企业联合会编《改革开放三十年的中国电力》，中国电力出版社，2008。

中国电力企业联合会编《中国电力工业史（综合卷）》，中国电力出版社，2021。

《中华人民共和国电力工业史丛书·中国水力发电史：1904—2000》（共四册），中国电力出版社，2005。

周凤起、王庆一主编《中国能源五十年》，中国电力出版社，2002。

朱常宝主编《华北电力大学校史（1958—2008）》，中国电力出版社，2008。

三　论文类

本刊评论员《光耀历史的天空——新中国60年电力改革发展述评》，《国家电网》2009年第10期。

常乔丽：《新中国成立以来高等教育重点建设政策的演变机制研究——基于制度变迁理论的分析》，硕士学位论文，兰州大学，2018。

陈富强：《为电力史留一点空间》，《当代电力文化》2014年第7期。

陈平原：《历史、传说与精神——现代中国大学的六个关键时刻》，《探索与争鸣》2016年第1期。

高峻：《新中国治水事业的起步（1949—1957）》，博士学位论文，福建师范大学，2003。

高明：《1945—1965上海电力工业研究》，博士学位论文，上海交通大学，2014。

高文兵：《新时期行业特色高校发展战略思考》，《中国高等教育》2007年Z3期。

官青：《我国高等教育赶超型发展道路的历史选择（1952—1958）》，硕士学位论文，华中科技大学，2016。

郝英杰、水志国、郭炜煜：《我国涉电专业院校电力教育现状研究》，《理工高教研究》2007年第6期。

姜红：《浅谈以借鉴历史教训来指导电力发展》，《中国电力教育》2014年第35期。

李晴霞：《电力行业党的组织系统与工作机构的历史变迁》，《湘潮》（下半月）2011年第1期。

刘超：《中国大学历史现状及其他》，《社会科学论坛》2009年第3期。

刘齐：《高等教育现代化进程中的学府与政府——从武昌高师到武汉大学的考察（1913—1928）》，硕士学位论文，华中科技大学，2011。

卢丽君：《依托行业开放办学 激发大学生机活力——访华北电力大学校长刘吉臻教授》，《中国高等教育》2011年第2期。

沈红宇：《中国行业特色研究型大学发展研究》，博士学位论文，哈尔滨工程大学，2010。

师解文、李爱琴：《电力工作者的新使命——研究、应用电力史和电力哲学》，《周口师专学报》1998年第2期。

宋旭红、冯晋祥：《我国行业性大学与行业之间的渊源关系》，《现代教育管理》2010年第5期。

陶羽、李健：《行业高校及其特色学科的历史地位和存在价值》，《中国成人教育》2018年第6期。

田联进、茂荣：《中国现代高等教育制度反思与重构——基于权力关系的视角》，《高等教育研究》2014年第5期。

田正平：《大学史研究概况：关于中国大学史研究的若干思考》，《社会科学战线》2018年第2期。

王东杰：《政治、社会与文化视野的下的大学“国立化”——以四川大学为例（1925—1939）》，博士学位论文，四川大学，2002。

王岐山：《中国垄断行业的改革和重组》，《管理世界》2001年第3期。

徐晓媛：《对我国行业特色高校发展的回顾评析与思考》，《教育与职业》2013年第4期。

杨勤明：《中国电力建设110周年回顾》，《电力建设》1992年第12期。

张锦高：《政府、行业与特色型大学的关系演变与共同发展》，《第三届高水平行业特色型大学发展论坛年会论文集》，2009。

张文泉、高玉君：《电力改革三十年回眸与展望》，《华北电力大学学报》（社会科学版）2009年第1期。

智学：《从边缘到中心：河北省高等教育发展取向研究》，博士学位论文，河北大学，2008。

周名立：《华北电力历史沿革》，《华北电业》2003年第6期。

附　录

附录一　主管电力教育工作的水利电力部（电力工业部）领导人员与机构沿革（部分）[①]

1. 主管的部级机构及主要领导人员（部分）

姓名	机构名称	职务	主管时间
陈郁	燃料工业部	部长	1949. 10—1955. 7
贺光华	燃料工业部电业管理总局	局长	1950. 5—1952（?）
程明陞	燃料工业部电业管理总局	部长助理、局长	1952—1955
刘澜波	电力工业部	部长	1955. 7—1958. 2
傅作义	水利电力部	部长	1958. 2—1972. 7
冯仲云	水利电力部	副部长	1958—1967
陈德三	水利电力部	军管会主任	1967. 7—1970. 6
张文碧	水利电力部	革委会主任	1970. 6—1975. 1
钱正英	水利电力部	部长	1975. 1—1979. 2
刘澜波	电力工业部	部长	1979. 2—1981. 3
李鹏	电力工业部	部长	1981. 3—1982. 3
钱正英	水利电力部	部长	1982. 3—1988. 3
黄毅诚	能源部	部长	1988. 3—1993. 3
史大桢	电力工业部	部长	1993. 3—1998. 3
史大桢	国家电力公司	总经理	1997. 1—1999. 3
高严	国家电力公司	总经理	1999. 3—2000. 12

① 陈自强主编《中国水利教育 50 年》，中国水利水电出版社，2000，第 8—10 页。

2. 主管教育工作的司级机构及领导人员（部分）

姓名	机构名称	职务	主管时间
郭有邻	水利电力部教育司	副司长	1958—
张季农	水利电力部教育司	副司长、司长	1959—1977
刘星文	水利电力部教育司	副司长	1977—
许英才	水利部、水利电力部教育司	副司长、司长	1979—1987
高之櫟	水利电力部教育司	副司长	1982—1983
陈秉堃	水利电力部教育司	副司长	1983—1987
王万纲	水利电力部教育司	副司长	1985—1987

3. 主管教育工作的处级领导（部分）

姓名	机构名称	职务	主管时间
张瑞岐	水利电力部教育司	副处长	1958—1961
刘星文	水利电力部教育司	处长	1959—1961
许英才	水利部教育司	处长（兼）	1979—
苏敏	水利部、水利电力部教育司	副处长/处长	1979—1983
陈兴潮	水利部、水利电力部教育司	处长	1981—1988
赵景欣	水利部、水利电力部教育司	副处长、处长	1981—1992
武韶英	水利部、水利电力部教育司	副处长、处长	1981—1987
王万纲	水利电力部教育司	处长	1982—1984
马漆波	水利电力部教育司	处长	1982—1984
李宝祺	水利电力部教育司	副处长	1982—1987
张孟杨	水利电力部教育司	处长	1984—1987
周持家	水利电力部教育司	副处长/处长	1984—1987
杨昌元	水利电力部教育司	副处长	1985—1987
韩文炳	水利电力部教育司	副处长	1985—1987
戴雪琴	水利电力部教育司	副处长	1985—1988

附录二　从电业管理总局职工学校到华北电力大学历任党委书记（革委会主任）①

学校名称	姓名	职务	任职时间	备注
电业管理总局职工学校	刘庆宇	党委书记	1950. 8—1951. 8	
天津工业学校	吴开文	党委书记	1951. 8—1952. 9	
北京电气工业学校 北京电力工业学校 北京电力学校	郭有邻	党委书记	1952. 9—1954. 4	
	刘庆宇	党委书记	1954. 4—1955. 12	
	白之芳	党委书记	1955. 12—1956. 12	
	鲁燕	党委书记	1956. 12—1958. 3	
北京电力学校	宋铮	党委书记	1960. 11—1962. 3	
	（后略）			
北京电力学院 北京电力学校	宫志坚	党委书记	1958. 3—1959. 2	
	梁超	党委书记	1959. 2—1960. 11	
北京电力学院	杨继先	党委书记	1961. 5—1966（？）	
北京电力学院 河北电力学院	甄济培	革委会主任	1967. 12（？）—1971. 5	
河北电力学院	安乐群	党委书记 革委会主任	1973. 7—1979. 11 1973. 9—（？）	
华北电力学院	刘屹夫	党委书记	1979. 11—1983. 12	
	孟昭朋	党委书记	1983. 12—1989. 3	
	苑国欣	党委书记	1989. 3—1995	
北京水利电力管理干部学院	孙秉枢	临时党委书记	1985. 11—1986. 9	
	李承志	临时党委书记	1986. 9—1987. 1	
	李承志	党委书记	1987. 1—1990. 8	
	孟昭朋	党委书记	1990. 8—1995	

① 北京高等教育志编纂委员会编《北京高等教育志》（中），华艺出版社，2004，第 834—835 页；华北电力大学档案馆网站，https：//dag. ncepu. edu. cn/xdsj/index. htm。

续表

学校名称	姓名	职务	任职时间	备注
北京水利电力经济管理学院	石云山	党委书记	1983.9—1988.12	
	孟昭朋	党委书记	1988.12—1992.10	
北京动力经济学院	孟昭朋	党委书记	1992—1995.9	
华北电力大学	曾亨炎	党委书记	1996.10—2001.1	
	徐大平	党委书记	2001.1—2006.3	
	吴志功	党委书记	2006.1—2017.5	
	周坚	党委书记	2017.5—	

附录三 从电业管理总局职工学校到华北电力大学历任校院长①

学校名称	姓名	职务	任职时间	备注
电业管理总局职工学校	刘庆宇	校长	1950.8—1951.8	
天津工业学校（一部）	梁寒冰	校长	1951.8—1952.9	
北京电气工业学校 北京电力工业学校 北京电力学校	郭有邻	校长	1952.9—1954.4	
	刘庆宇	校长	1954.4—1956.4	
	白之芳	代理校长	1956.4—1956.8	
北京电力学校	郭玉民	校长（兼）	1960.11—1961.8	
	（后略）			
北京电力学院 北京电力学校	董一博	校（院）长	1956.8—1959.2	1958.9改为北京电力学院
	方琛	院长（兼）	1959.2—1960.11	

① 北京高等教育志编纂委员会编《北京高等教育志》（中），华艺出版社，2004，第834—835页；校史编写组编《华北电力大学校史（1958—2018）》，中国电力出版社，2018，第473—480页；华北电力大学档案馆网站，https：//dag.ncepu.edu.cn/xdsj/index.htm。

续表

学校名称	姓名	职务	任职时间	备注
北京电力学院 河北电力学院	杨继先	院长（代）	1961. 1—（?）	1972. 8 逝世
河北电力学院	安乐群	院长（兼）	1973. 7—1979. 11	
华北电力学院	刘屹夫	院长（兼）	1979. 11—1983. 12	
	王加璇	院长	1983—1990. 9	
	陈彭	院长	1990. 9—1993	
	陈志业	院长	1993—1995. 7	
北京水利电力管理干部学院 北京电力管理干部学院	王加璇	院长（兼）	1985. 9—1990. 8	
	翟东群	常务副院长	1985. 9—1990. 8	
	王万纲	院长（兼）	1990. 8—1993. 8	
	沈有昌	副院长（兼）	1993. 8—1995	
	徐大平	副院长（兼）	1993. 11—1996. 11	
	徐大平	院长（兼）	1996. 11—2000	
	卢健	常务副院长	1996. 11—（?）	
北京水利电力经济管理学院	高之樑	院长	1983. 10—1990. 8	
	王万纲	院长	1990. 8—1992	
北京动力经济学院	王万纲	院长	1992—1993. 8	
	沈有昌	院长	1993. 8—1995. 9	
华北电力大学	徐大平	常务副校长	1995. 8—1996. 8	
	徐大平	校长	1996. 8—2001. 1	
	刘吉臻	校长	2001. 1—2016. 11	
	杨勇平	校长	2016. 11—	

附录四　从华北电力学院研究生部到华北电力大学研究生历年办学规模一览（1986—2017）①

学校	年度	毕业生数			招生数			在校生数		
		小计	博士	硕士	小计	博士	硕士	小计	博士	硕士
华北电力学院研究生部	1986	23		23	48		48	134		134
	1987	39		39	49		42	144	7	137
	1988	49		49	41	1	40	133	8	125
	1989	45	2	43	36	2	34	124	8	116
	1990	45	2	43	35		35	113	8	105
	1991	44	3	41	37	3	34	106	8	98
	1992	36	4	32	42	5	37	111	8	103
	1993	33	1	32	65	5	60	147	13	134
	1994	37	2	35	61	2	59	171	3	158
北京水利电力经济管理学院	1989						1	8		
	1990									
	1991			1			2			4
北京动力经济学院	1992			3			1			4
	1993			1			2			5
	1994			2			3			5
华北电力大学	1995	61	6	55	160	12	148	403	37	366
	1996	102	6	96	141	18	123	442	49	393
	1997	116	8	108	138	14	124	464	56	408
	1998	159	4	155	152	18	134	457	70	387
	1999	135	18	110	213	29	184	523	81	442
	2000	123	9	114	384	44	340	774	116	658
	2001	175	25	150	529	58	471	1136	153	983

① 校史编写组编《华北电力大学校史（1958—2018）》，中国电力出版社，2018，第393—394页。原表格中个别数字可能有待商榷。考虑可能存在具体原因，此处原文引用。

续表

学校	年度	毕业生数			招生数			在校生数		
		小计	博士	硕士	小计	博士	硕士	小计	博士	硕士
华北电力大学	2002	187	16	171	682	68	614	1614	203	1411
	2003	330	10	320	925	92	833	2161	255	1906
	2004	544	46	498	1195	124	1071	2604	356	2248
	2005	619	45	574	1394	134	1260	3418	484	2934
	2006	994	49	945	1613	139	1474	4161	510	3651
	2007	1037	54	983	1619	146	1473	4669	575	4094
	2008	1619	151	1468	4890	685	4205	1249	77	1172
	2009	2056	299	1757	5470	1213	4257	1437	164	1273
	2010	1694	129	1565	2264	185	2079	6018	813	5202
	2011	2297	194	2103	6845	889	5956	1456	116	1340
	2012	2386	193	2193	7260	965	6295	1814	111	1703
	2013	2410	189	2221	7478	989	6489	2138	145	1993
	2014	2507	199	2308	7777	1056	6721	2116	131	1985
	2015	2539	200	2339	7938	1110	6828	2212	146	2066
	2016	2539	200	2339	7938	1110	6828	2212	146	2066
	2017	3770	212	3558	9195	1079	8116	2306	175	2131

附录五　从北京电力学院到华北电力大学本专科历年办学规模一览①

学校名称	年度	招生数			在校生数			毕业生数			备注
		合计	本科	专科	合计	本科	专科	合计	本科	专科	
北京电力学院	1958	221			440						预科 219
	1959	195			645						

① 校史编写组编《华北电力大学校史（1958—2018）》，中国电力出版社，2018，第 390—392 页。原表格中个别数字可能有待商榷。考虑可能存在具体原因，此处原文引用。

续表

学校名称	年度	招生数			在校生数			毕业生数			备注
		合计	本科	专科	合计	本科	专科	合计	本科	专科	
北京电力学院	1960	593			979						
	1961	98			1259						
	1962	164			1274			109			
	1963	235			1250			302			
	1964	308			1324			256			
	1965	239			876			359			
	1966				876						
	1967				876						
	1968				783			399			
	1969				483						
	1970				122			485			
河北电力学院	1971				254						
	1972	160			280						
	1973	158			411						
	1974	240			546			119			
	1975	240			630			132			
	1976	263			732			155			
	1977	304			799			233			
	1978	336			902			234			
华北电力学院	1979	369	369		1013	1013					
	1980	304	304		1316	1316					
	1981	306	306		1608	1608					
	1982	369	369		1344	1344		629	629		
	1983	450	416	34	1431	1397	34	359	359		
	1984	512	457	55	1642	1552	90	293	293		
	1985	603	533	70	1932	1774	158	312	312		
	1986	704	607	97	2239	2020	219	395	360	35	

续表

学校名称	年度	招生数			在校生数			毕业生数			备注
		合计	本科	专科	合计	本科	专科	合计	本科	专科	
华北电力学院	1987	771	664	107	2539	2265	274	464	409	55	
	1988	794	599	195	2785	2390	395	523	454	69	
	1989	742	509	233	2906	2376	530	605	510	95	
	1990	757	537	220	2957	2314	643	706	602	104	
	1991	785	585	200	2862	2234	628	865	661	204	
	1992	849	610	239	2916	2256	660	798	591	207	
	1993	940	596	344	3117	2335	782	743	526	217	
	1994	1117	927	190	3484	2716	768	739	533	206	
北京水利电力经济管理学院	1984	120	80	40	120	80	40				
	1985	200	160	40	320	240	80				
	1986	162	130	32	439	369	70	40		40	
	1987	89	89		487	456	31	38		38	
	1988				499						
	1989	118	90	28	428	398	30	188	160	28	
	1990	119	89	30	420	362	58	125	123	2	
	1991	207	118	89	535	386	149	90	90		
北京动力经济学院	1992	345	216	129	755	507	248	120	91	29	
	1993	757	486	271	1394	905	489	120	90	30	
	1994	1010	645	365	2228	1464	764	172	84	88	
华北电力大学	1995	2014	1659	355	6653	4961	1692	1113	694	419	
	1996	2072	1857	215	7120	6082	1038	1547	860	687	
	1997	1882	1852	30	7397	6878	519	1607	1067	540	
	1998	1811	1811		7379	7141	238	1805	1533	283	
	1999	2427	2427		7814	7783	31	1965	1762	206	
	2000	3237	2937	300	9177	8877	300	1874	1842	32	
	2001	3951	3206	745	11474	10487	987	1692	1692		
	2002	5026	3977	1049	14893	12827	2066	2183	2183		

续表

学校名称	年度	招生数			在校生数			毕业生数			备注
		合计	本科	专科	合计	本科	专科	合计	本科	专科	
华北电力大学	2003	5429	4515	914	17559	14927	2632	2958	2618	340	不含科技学院
	2004	5076	4705	371	18940	16885	2055	3498	2838	660	
	2005	4926	4872	54	19903	18265	1638	4458	3596	862	
	2006	5015	4967	48	20184	19301	883	4810	4055	755	
	2007	4990	4990		20004	19901	103	5238	4467	771	
	2008	5153	5153		20198	20198		4881	4881		
	2009	5201	5201		20431	20431		4930	4880	50	
	2010	5113	5113		20364	20364		5079	5079		
	2011	5314	5314		20550	20550		5041	5041		
	2012	5354	5354		20928	20928		4926	4926		
	2013	5519	5519		21302	21302		5054	5054		
	2014	5477	5477		21690	21690		4986	4986		
	2015	5476	5476		21852	21852		5215	5215		
	2016	5180	5180		22086	22086		5486	5486		
	2017	6051	6051		22716	22716		5320	5320		

附录六　大事记略

（一）电业管理总局职工学校至北京电力学校时期

1949 年 10 月中央燃料工业部成立，部内成立了电业管理总局。

1950 年 2—3 月第一次全国电力会议在北京召开。

1950 年 6 月 1—19 日，第一次全国高等教育工作会议提出，“为了适应需要，可以创办中等技术学校”。

1950 年 10 月 9 日，《人民日报》刊登了一则短讯，中央燃料工业部电业管理总局成立的职工学校（简称电业职工学校），录取了新生共 195 人。

1950 年 11 月 1 日，电业职工学校开学，北京乃至华北的电力系统有了正规的学校教育。

1951 年 9 月，电业职工学校所有师生迁移到了天津，并入了天津工业学校。

1952 年 6 月，电业管理总局决定在北京海淀区西直门外北下关的广通寺旁购地建校，并于当年 9 月定学校名为北京电气工业学校。

1953 年 5 月，北京电气工业学校更名，定名为北京电力工业学校，学制 4 年。

1953 年开始，北京的中专学校全面学习苏联经验。

1953 年 10 月，再次更名，更名为北京电力学校，在校生已达 17 个班 881 人。

1955 年 7 月，国家撤销中央燃料工业部，成立电力工业部。

1956 年 9 月，苏联专家鲍·瓦·波波夫和叶尔马科夫担任校长顾问。

（二）北京电力学院、河北电力学院时期

1958 年 9 月 22 日，水利电力部通知："令以北京电力学校为基础，办一所高等学校，定名为'北京电力学院'，在水利电力部统一领导下，由技术改进局直接领导。"

1958 年 10 月 4 日，北京电力学院举行了建院以来的首届开学典礼。

1958 年 12 月，北京电力学院迁院至清河小营，并从水利电力部获批第一期工程 50000 平方米的建设指标。

1959 年 2 月 21 日，水利电力部任命了技术改进局局长方琛兼北京电力学院院长，副局长梁超兼副院长，李峰任副院长。

1959 年 1 月从武汉水利电力学院、华东水利学院、北京电力学院的四年级学生中选拔了 32 人，组成特别的班级——工程物理班。

1960 年 6 月 2 日，水利电力部发来《关于北京电力学院的高等和中专分开办学的通知》，决定在暑期中搬迁北京电力学院到昌平清河小营新校址，中专部仍保留，且留在西直门外北下关并继续使用"北京电力学校"

的名称。

1960 年 10 月 15 日，北京电力学院的师生们开始整体搬迁到新校址。

1960 年中苏关系恶化，苏联撤走专家，使正在设计和施工的 12 个采用苏联设备的火电工程受到了影响。

1961 年 1 月，中共八届九中全会通过了“调整、巩固、充实、提高”的八字方针，大规模地压缩调整国民经济。教育部也随即在 1 月 26 日至 2 月 4 日，召开了重要的工作会议——全国重点高等学校工作会议。会议决定要在全国重点高校落实好中央八字方针，并在高校实行调整——“定规模、定任务、定方向、定专业”。

1961 年 5 月 29 日，国防科学技术委员会发文给哈尔滨工业大学：“经与教育部研究，同意你校 1961 年在电力、高压、动力经济三个专业基础上，新建特种电源、电网电物理’两个国防专业。除留下建设新专业的师生、设备外，教研室正副主任、教师 29 人学生 208 人，以及部分专业教学设备，转给北京电力学院。”

1961 年 9 月，北京电力学院重组了原有电力系的教研室、专业。

1961 年 9 月 15 日，《教育部直属高等学校暂行工作条例（草案）》（简称《高校六十条》）由教育部起草后，经中共中央下发。

1962 年 7 月 26 日，学院为首届毕业生——哈尔滨工业大学高压 57-1 班的学生在内的发电、高压、动经三个专业的 1957 级本科生——举行了毕业典礼。

1962 年底，北京电力学院学生规模已经有 1274 名，教职工规模是 489 名，其中的专业教师是 198 名，学院的建筑面积达到 23000 平方米。

1963 年 11 月 3 日北京电力学院五周年校庆，水利电力部副部长冯仲云讲话。

1964 年 12 月至 1965 年 1 月，北京电力学院高压和电厂化学两个专业的 62 名教职员工，以及两个专业的 1960 级至 1964 级的 5 个年级 321 名学生，整体转入了武汉水利电力学院。

1966 年 5 月 16 日“五一六通知”下发，6 月 2 日，北京电力学院的期末考试只考了一门。之后，“革命”成为学院的中心工作。

1966 年 9 月中下旬之后，北京电力学院的大部分学生陆续外出串联。

1967 年 12 月，北京军区 1806 部队毛泽东思想宣传队进驻学院。

1968 年 3 月 7 日，军宣队组织不同派别群众成立北京电力学院革委会，秦宝沧担任主任，宋仲余、王克担任副主任。

1969 年底，全国战备工作全力推进，开展起来教育、动员、训练、物资储备、人口疏散等多种活动，开展各方面的工作。

1969 年 10 月，根据三线建设要求，学院组织通过火车转汽车，前往河北省邯郸市岳城水库工地，无法安置的部分人员到了邯郸、马头、峰峰三个电厂。11 月 7 日，学院举行全体师生员工的疏散搬家思想动员大会，并起运了第一个车皮的搬家物资。

1970 年初，学院革委会再次调整，由 22 人组成，主任甄济培，副主任秦宝沧，另一名副主任由被启用的学院原领导林燃担任。

1970 年河北省革委会核心组同意，是年 12 月北京电力学院可以搬迁至保定市，并更名为河北电力学院。管理上，由水利电力部、河北省双重领导，但以河北省为主。

1971 年开始，根据 1971 年河北省高教局所定河北电力学院规模，保定市委批准学院扩建占用保定市军体校 90 亩土地。

1970 年 12 月 5 日，河北电力学院第一届工农兵学员 120 人开学了。

1971 年 5 月 12 日，原军宣队撤离学院，由保定驻军某部军宣队接替。

1974 年 6 月，学院各系建制被撤销，各系及基础部教师分别编入各专业，实行“教学、科研、生产三结合”的独立体制。

1976 年 10 月中旬学院的“教育革命大辩论”办公室被取消，《河北电力学院教育革命大辩论情况简报》从 16 期开始改名为《河北电力学院情况简报》。

1977 年 8 月，中国共产党第十一次全国代表大会召开。

1978 年 2 月，全国增加 28 所高校为重点大学，河北电力学院首次新增进入全国重点高校行列。

（三）华北电力学院时期

1978 年 9 月 28 日，经征得河北省同意，水利电力部同意河北电力学院改名为华北电力学院。

1978 年 10 月，学院派出第一批出国访问学者电力系杨奇逊等教师赴澳大利亚新南威尔士大学进修学习。

1978 年 11 月 11 日，华北电力学院与水利电力部电力科学院，合办而成华北电力学院北京研究生部，在北京海淀清河原校址办学。当年招收了首批研究生。

1979 年 1 月 11 日，学院召开“落实政策大会”，解决历史遗留问题。

1979 年 11 月 9 日，刘屹夫任院党委书记兼院长，原党委书记、院长安乐群离任。

1980 年 7—9 月，学院党委讨论并确定了机构调整举措，经电力工业部批准，各系、部、室、馆等均设立为处级机构，并撤销院政治处，任命了相关干部。

1980 年 5 月，动力系主任王加璇赴美国麻省理工学院做访问学者，随后又有曾闻问赴美国西东大学、贺仁睦去瑞士洛桑理工大学、俞有瑛去美国加州伯克利大学、胡青兰去英国剑桥大学、童恩超到英国拉格比市通用电气公司汽轮机设计室工作。

1981 年 11 月 18 日，《光明日报》报道了华北电力学院电力系讲师杨奇逊在澳大利亚期间，研制成功以微处理器为核心的数字式距离保护装置的消息。

1983 年 12 月 2 日，领导班子年轻化完成，孟昭朋任院党委书记，苑国欣任副书记，王加璇任院长，王援、翟东群、曾闻问任副院长。

1985 年 9 月 18 日，水电部任命王加璇兼任北京水电管理干部学院院长；翟东群任北京水电管理干部学院常务副院长，免去其华北电力学院副院长职务；任命沈有昌为华北电力学院副院长。

1986 年 7 月，学院在保定第二校区完成征地 233 亩。

1986 年 8 月 6—9 日，水电部所属八所高校首届（也是最后一届）田径运动会在保定校区举行。

1988 年 4 月 28 日，国家能源部成立，学院划归能源部领导。

1991 年 9 月 13 日，举行学校保定二校区启用剪彩仪式。

1993 年 9 月 30 日，成立华北电力学院北京办事处。

（四）北京水利电力管理干部学院时期

1985 年 7 月 23 日，水利电力部决定成立北京水利电力管理干部学院。学院院址在北京市清河小营（原北京电力学院旧址）。在校生规模为六百人。

1985 年 9 月 11 日，水利电力部《关于华北电力学院两地办学若干规定的批复》，原则同意两地办学若干规定的请示。

1989 年 11 月 16 日，华北电力学院、北京水利电力经济管理学院联合领导小组向能源部上报《关于两校联合中北京校区一体化安排实施方案》。

1990 年 8 月 31 日，全体中层干部开会，能源部办公厅主任王文泽同志正式宣布实行两校联合办学第一步及领导班子组成，并宣布校名为“北京水利电力经济管理学院”。

1992 年 10 月，院长办公室、成人教育处、总务处和部分实验室仍留在清河校区外，其他各部门都搬迁到北京昌平朱辛庄新校区，实质性与北京水利电力经济管理学院合并在了一起。

1992 年 10 月 22 日，北京水利电力经济管理学院与北京水利电力管理干部学院合并，正式更名为北京动力经济学院，并举行了新校区一期工程落成典礼。

1992 年 11 月 9 日，能源部下发《关于北京水电经管学院更名为北京动力经济学院的通知》，决定北京水利电力经济管理学院更名，改为北京动力经济学院；决定北京水利电力管理干部学院，也改名为北京电力管理干部学院。

1994 年 9 月 20 日，电力部经调司、计划司、人教司负责同志来考察清河校区征地事宜，经调司同意拨款600万元解决征地用经费。

（五）北京水利电力经济管理学院、北京动力经济学院时期

1982年11月20日，国务院收到水利电力部的申请，希望成立北京水利电力经济管理学院。

1983年7月28日，水利电力部部长钱正英给国务院副总理写信，进一步汇报成立北京水利电力经济管理学院的必要性。国务院批示："如不增加户口，在北京可以。"

1983年8月13日，教育部通知水利电力部和北京市人民政府，经国务院批准，以水利电力部干部进修学院为基础，同意北京水利电力经济管理学院开始筹建。

1983年12月27日，教育部发文，正式批准成立北京水利电力经济管理学院。

1984年9月15日，北京水利电力经济管理学院召开首届开学典礼。

1985年9月10日，学院召开首届教师节庆祝大会，水利电力部钱正英部长、教育司许英才司长等参加大会。

1987年6月5日，院党委会讨论新校址选定在昌平县朱辛庄。征地250亩。

1990年3月1日，北京水利电力经济管理学院新校址在昌平县朱辛庄举行了基建工程奠基典礼。

1992年10月，北京水利电力经济管理学院从朝阳区定福庄校区搬迁至昌平县朱辛庄新校区。10月22日，北京水利电力经济管理学院与北京水利电力管理干部学院实现了合并，同时校名变为北京动力经济学院。钱正英、史大桢等领导到会祝贺。

1992年4月17日，北京水利电力经济管理学院给能源部教育司打报告《关于坚持两校联合的意见》，提出与华北电力学院联合办学的指导思想、校名、校址、内部管理体制等问题。

1994年9月20日，电力部经调司同意拨款600万元解决征地用经费。

1994年11月5日，向电力部高校体制改革领导小组报送《北京动力经济学院关于实施联合的几点建议》。

1995年7月17日，经电力工业部批准，华北电力学院与北京动力经济学院合并组成“华北电力大学”。校部暂设在保定，北京部分为分校。

1995年9月18日，华北电力大学成立大会在北京校区隆重召开。会上，钱正英副主席、史大桢部长、胡昭广副市长为“华北电力大学”校牌揭幕。

后　记

2022 年 6 月的一个凌晨，我在华北电力大学电气与电子工程学院主楼 A 座的 609 办公室里，完成了我的博士学位论文——本书就是在博士学位论文基础上完善而成的。五年的博士生学习生活就要结束了，在那个时刻顿感心潮起伏。现在回想起来，依然难以忘怀。

感谢我的博士生导师迟云飞老师。学习生活中，老师对我们的关心与培养悉心备至。我们多次在老师家的小客厅里与老师、师母聊天，经常畅谈来去就是两三个小时。能师从先生，是一生的幸福。

致敬中国近现代史教研室的导师们，历史学院及母校首都师范大学。我们学生成长在导师组的集体温暖中、老师们的教诲提携下。我们的同学，友善真诚、质朴热情，彼此之间相处甚欢。而我，无数次往来在母校西三环北路、白堆子的三个校区之间，四季变幻之中也从青年步入中年，更感受到母校家园一般的味道。

有时想来，在工作和家事的繁杂之中在职读博，对我而言是一种奢侈。努力工作之余读书写作，跟随文史资料游走在古今世界，也是一种快乐。妻子支持我读博，这个事情已成为家庭生活的一部分，在听说我博士即将毕业的时候，她和孩子比我还要兴奋。这几年的博士学习做得并不够好，但是前行之中得到亲友们的颇多鼓励，昌平蟒山之下、祁县浍河两岸、集宁高原之上、深圳惠州工厂，何曾一日相忘。

华北电力大学是我的研究对象，也是我昔日的大学工作所在，这里有众多可敬的师长、友善的同事和可爱的同学。入职华北电力大学以来，对于我所从事的辅导员职业从何处来、当下贡献、向何处去，我曾充满好奇。这份好奇鼓励着自己对学生工作史事、清华辅导员产生细节、西南联大教授治校等做了历史的梳理，并参加了北京高校思想政治研究中心的相关研究工作，包括参编《北京学府的红色文化》。同时，自己也对华北电力大学从何处来、将向何处去充满了好奇，这份好奇同样鼓励着我参加校史研究，跟随学校诸位领导、老师参编了《华北电力大学校史（1958—2018）》，并得以深度学习学校档案馆诸多史料，深入参与相关口述访谈和整理工作，后来又有幸抄录到原水利电力部等的史料。其间，曾对1958年前后的学校发展，学校与能源电力行业、部委政府的关联，感到好奇。在导师的指导下，我也选择了这个内容作为博士学位论文方向，并坚持了下来。

在研究中，自己感到相当幸运，因为再一次学习前辈们所撰著的校史、行业史等内容，有了更多的理解和感动；深入学习并整理访谈文字、音像视频，对这段历史有了更多的理解和敬意；也借此管中窥豹般地了解中国近现代史，有了对时代更多的理解。如歌岁月，沧桑变迁，如此具象、生动，其中有无数起承转合，也有慷慨悲歌，而此中人物，有的已离我们远去，令人感伤。

从西城区大盆胡同起步到1995年的昌平县朱辛庄新起点，56年间，华北电力大学在迁徙中建校、发展，可谓九转曲折。其走向如同漳河水系之清漳水、浊漳水走势，从顺利建校、不断扩展、中专转本科，到忽遇时代浪涛、由北向急转东进、颠沛流离至岳城水库，再至多方求索、转至保定、回京办学、联合建校，在披荆斩棘中经历九次重大转变而越挫越强。面向未来，她肩负重任，依然可能会遇到难关险阻，期待她能够汲取历史力量，扎稳现实脚跟，汇通多方资源，激励众人斗志，继续发展、再谋盛强。

现在这篇博士学位论文能够形成一本书，自己很想以这个成果，来致敬这所学校、这个行业、那些时代和无数的人们。

不可讳言，由于自己在职读书精力投入不够，能力和视野也比较有限，包括曾身处学校之内的特殊性，书中有些内容展开和挖掘得还不深不透。即使如此，仍希望能够为读者带来一些启示和收获，并期待继续得到大家的宝贵意见，继续推进这些内容的探讨。特别感谢帮助本书出版的编辑老师和中央团校的张树军老师，他们的高水平相助和悉心指导，使本书得以进一步提升，并顺利出版。

通过写作，自己也深感教育的发展、电力的兴盛、国家的繁荣、百姓的生活，筚路蓝缕，血脉相连，来之相当不容易。更加期待我们的学校、行业和社会，能够劈开激流规避险滩，以开放的世界胸怀，驶向更加美好的未来。

图书在版编目（CIP）数据

从电业管理总局职工学校到华北电力大学：1950-1995：以口述史为中心 / 王硕著. -- 北京：社会科学文献出版社，2024.12. -- ISBN 978-7-5228-3864-9

Ⅰ.TM-40

中国国家版本馆 CIP 数据核字第 2024YZ9137 号

从电业管理总局职工学校到华北电力大学（1950—1995）

——以口述史为中心

著　　者 / 王　硕

出 版 人 / 冀祥德
责任编辑 / 罗卫平　刘　丹
责任印制 / 王京美

出　　版 / 社会科学文献出版社
　　　　　地址：北京市北三环中路甲 29 号院华龙大厦　邮编：100029
　　　　　网址：www.ssap.com.cn
发　　行 / 社会科学文献出版社（010）59367028
印　　装 / 三河市东方印刷有限公司

规　　格 / 开 本：787mm×1092mm　1/16
　　　　　印 张：14　字 数：206 千字
版　　次 / 2024 年 12 月第 1 版　2024 年 12 月第 1 次印刷
书　　号 / ISBN 978-7-5228-3864-9
定　　价 / 98.00 元

读者服务电话：4008918866